油气田集输场站典型安全隐患图集

刘　勇　编著

中国石化出版社

图书在版编目（CIP）数据

油气田集输场站典型安全隐患图集 / 刘勇编著 . —北京：中国石化出版社，2023.5
ISBN 978-7-5114-7082-9

Ⅰ. ①油… Ⅱ. ①刘… Ⅲ. ①油气集输–站场–安全隐患–图集 Ⅳ. ① TE86-64

中国国家版本馆 CIP 数据核字（2023）第 091645 号

中国石化出版社出版发行
地址：北京市东城区安定门外大街 58 号
邮编：100011 电话：(010) 57512500
发行部电话：(010) 57512575
http：//www.sinopec-press.com
E-mail：press@sinopec.com
北京艾普海德印刷有限公司印刷
全国各地新华书店经销
*
787 × 1092 毫米 32 开本 4.5 印张 51 千字
2023 年 5 月第 1 版 2023 年 5 月第 1 次印刷
定价：39.00 元

前言
PREFACE

长久以来，安全生产工作中存在问题难以消灭、重复发生的现象，其重要原因就是隐患不能得到广泛的重视和解释，操作者不能全部掌握本岗位已经发生过的问题情况，从而在无意中导致问题再次发生。“油气田生产现场典型安全隐患图集”系列丛书以油气田生产现场的各类安全生产典型问题为主要内容，针对不同场所、不同专业、不同岗位，分门别类地整理出各类现场在设备管理、人员操作等方面存在的典型问题，并配以图片说明，解释这些问题违反的规章制度、标准规范，以及可能产生的后果，简明扼要、直观清晰。该丛书所列的问题，全部来源于油田各生产现场，是现场真实存在的隐患。

对于油田企业而言，针对不同的专业场景，列出需要重点关注的典型问题，以图书的形式进行宣传和教育，可以实现问题在现场得到长久管控的目的，是保障现场安全生产的重要工作内容，是创新现场安全生产管理方法的有益探索。

该丛书为每个问题均配套了现场图片，贴近生产一线，使知识点的掌握直观、不枯燥，是为油田企业各岗位量身定制的安全生产工具书，具有很高的使用价值。该丛书不仅是基层现场安全教育培训的好教材，也是现场加强风险管控、实现问题销项的好措施，对加强安全生产工作具有重要意义。

《油气田集输场站典型安全隐患图集》由刘勇编写、设计及统稿。笔者长期从事油田安全环保管理工作。自从事安全督查工作以来，创新工作方式方法，深入开展督查大数据分析，为管理决策提供数据支撑；广泛开展安全形势任务宣讲，并多次在中国石化报、胜利日报等媒体发表专题报道，在宣贯新要求的同时引领全员安全环保观念再转变再提升。

该丛书可供油气田生产现场操作人员及安全监督、管理人员日常工作使用，也可作为油气田现场员工专业培训与学习用书。由于安全生产工作的高度复杂性及作者水平有限，书中难免存在不足之处，敬请广大读者批评指正。

目录
CONTENTS

上车辆顶部高处作业应使用安全防护装置设施。

《汽车运输、装卸危险货物安全规程》（Q/SH1020 2064—2020）中8.1.2.8

案例： 某联合站装车区，装车司机攀爬装车平台，未使用升降梯。

装卸期间，装卸人员不得擅离岗位，驾驶员应在驾驶室或紧急切断阀处全程守候、听候指令。

《汽车运输、装卸危险货物安全规程》(Q/SH1020 2064—2020) 中8.1.2.11

案例： 某集输站卸油作业现场，承运商驾驶员在卸油过程中未使用掩木且进入罐车车底检维修相关设施。

火灾危险性为甲B、乙、丙A类液体应采用底部装车。采用顶部装车作业的液体，鹤管应深入罐内，管口至罐底距离不应大于200mm，以防喷溅产生静电。

《汽车运输、装卸危险货物安全规程》（Q/SH1020 2064—2020）中9.2.1.7

案例： 某集输站，原油装车平台鹤管长度不足造成喷溅装油。

1. 火灾危险性为甲B、乙、丙A类液体应采用底部装车。采用顶部装车作业的，鹤管应深入罐内，管口至罐底距离不应大于200mm，以防喷溅产生静电；

2. 装车后，应静置不小于5min后，拔出鹤管、关闭罐口、撤除静电接地线。

1.《汽车运输、装卸危险货物安全规程》(Q/SH 1020 2064—2020)中9.2.1.7

2.《汽车运输、装卸危险货物安全规程》(Q/SH 1020 2064—2020)中9.2.1.11

案例： 某联合站装车区，装卸原油过程中鹤管未插入罐底部、装车结束后未静置直接拔出鹤管。

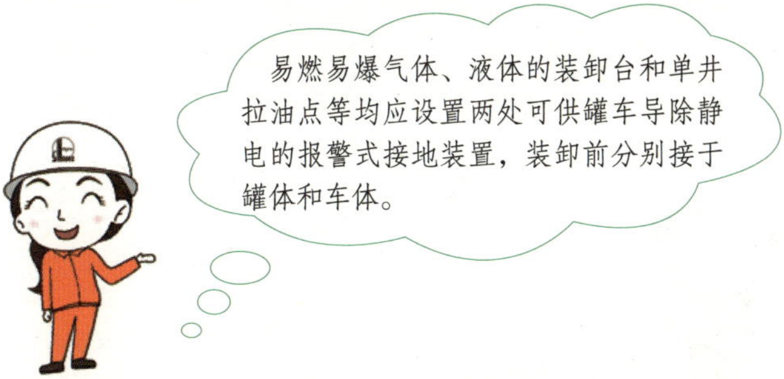

《汽车运输、装卸危险货物安全规程》(QSH 1020 2064—2020) 中 7.5

案例： 某天然气回收现场，承包商使用的装车静电释放夹一个夹在箱门上，一个夹在装车阀门上。

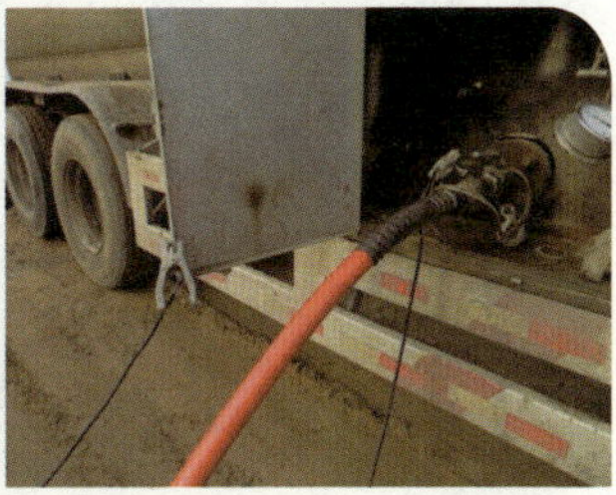

从业人员上岗前应接受危险货物性质与危害特性、车辆及相关设备设施使用方法、事故预防和应急程序措施等相关知识的岗前培训，定期参加上岗后的岗位安全教育培训和应急预案演练。

《汽车运输、装卸危险货物安全规程》(Q/SH 1020 2064—2020) 中 4

案例： 某集输站原油外销装车现场，集输运行岗监护人及承运商押运员使用灭火器时，不清楚需先拔出防撞支架，灭火操作培训演练不到位。

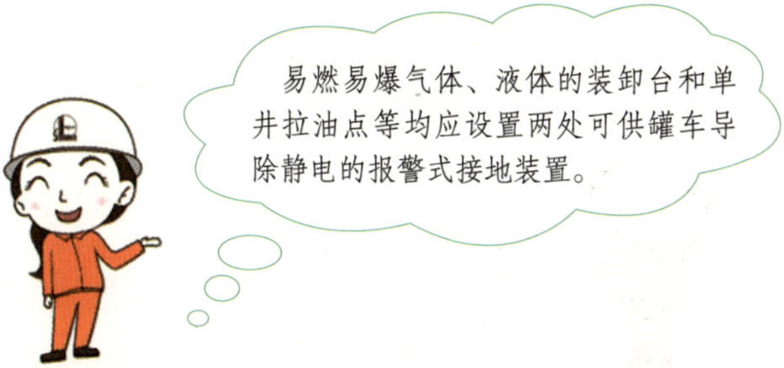

《汽车运输、装卸危险货物安全规程》(QSH1020 2064—2020)中7.3

案例： 某集油站卸油台，4个静电释放装置中3个不报警。

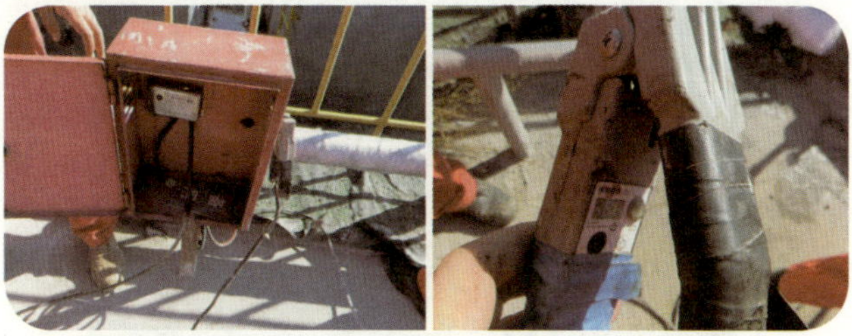

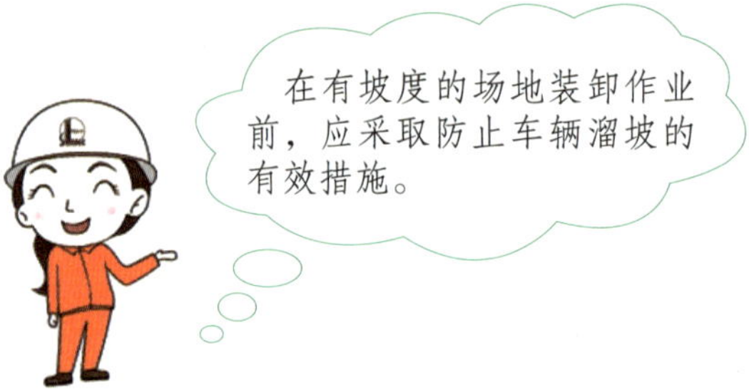

《汽车运输、装卸危险货物安全规定》(Q/SH 1020 2064—2010)中7.1.2.6

案例： 某联合站，承包商罐车卸油时未打掩木。

车辆应在进入装卸区的入口外停车，到登记处登记并接受安全教育和检查，符合规定要求后驶入装卸作业区。

《汽车运输、装卸危险货物安全规程》(Q/SH 1020 2064—2020) 中 8.1.2.5

案例： 某联合站卸油台，坐岗人员未对进站卸油车辆进行安全检查、登记。

排气装置整体应密闭完好，不应有窜气、漏气的孔洞或缝隙。

《汽车运输、装卸危险货物安全规程》(Q/SH 1020 2064—2020)中5.3.8

案例： 某联合站卸油现场，一台拉油罐车排气管2处因破损导致烟气泄漏，且现场有油气挥发，存在火灾爆炸风险。

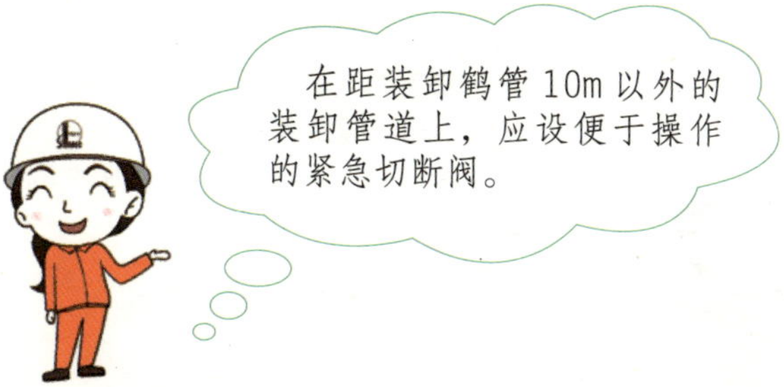

《石油天然气工程设计防火规范》(GB 50183—2004)中6.7.3

案例： 某原油库零销装车台，原油库至装油点管道上的一处紧急切断阀处于断电状态，无法实现电动紧急切断。

甲、乙类工艺设备平台、操作平台，宜设2个通向地面的梯子，长度小于8m的甲类设备平台和长度小于15m的乙类设备平台，可设1个梯子。

《石油天然气工程设计防火规范》(GB 50183—2004)中6.9.6

案例： 某联合站，1~5号三相分离器操作平台仅设置1个通向地面的梯子。

有油气散发的生产设备，若必须采用封闭式厂房，则应按《建筑设计防火规范》的规定设置强制通风和必要的泄压面积及措施，保证防火防爆的安全。

《石油天然气工程设计防火规范》（GB 50183—2004）中6.9.2

案例： 某接转站，原油外输泵房内未设置强制通风设施。

防火堤应是闭合的，能够承受所容纳油品的静压力和地震引起的破坏力，保证其坚固和稳定。

《石油天然气工程设计防火规范》(GB 50183—2004) 中6.5.9

案例： 某原油库罐组，承包商新建防火堤开口处未有效封堵。

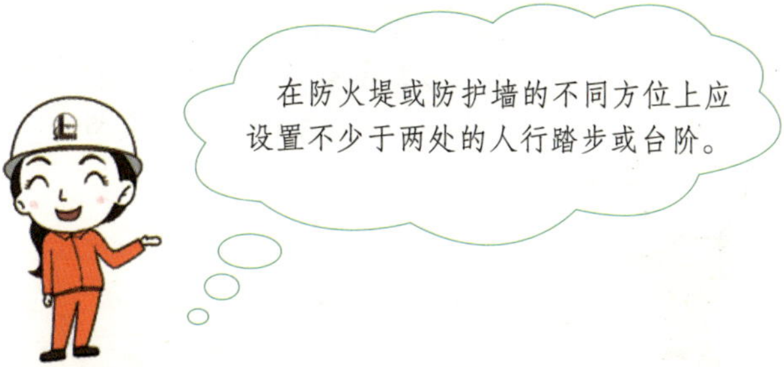

《石油天然气工程设计防火规范》(GB 50183—2004)中6.6.7

案例： 某集输站，罐区改造时防火堤北侧踏步被拆除，人员进出不便。

在距装卸鹤管 10m 以外的装卸管道上，应设便于操作的紧急切断阀。

《石油天然气工程设计防火规范》(GB 50183—2004)中6.7.3

案例： 某联合站，装车台装卸管道上未安装紧急切断阀。

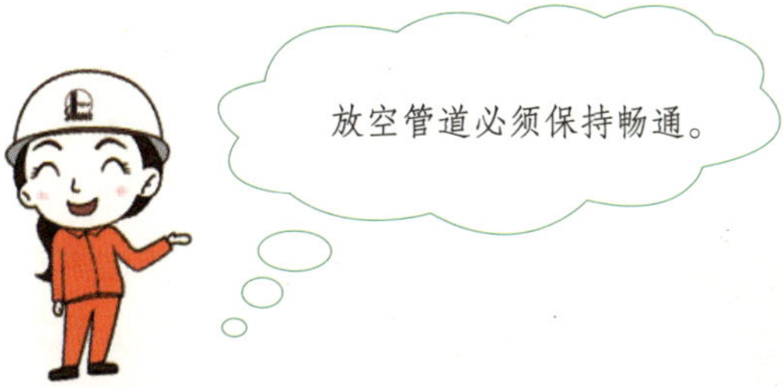

《石油天然气工程设计防火规范》(GB 50183—2004)中6.8.6

案例： 某联合站，安全阀泄压、天然气流程放空的管道阀门被关闭，存在系统憋压风险。

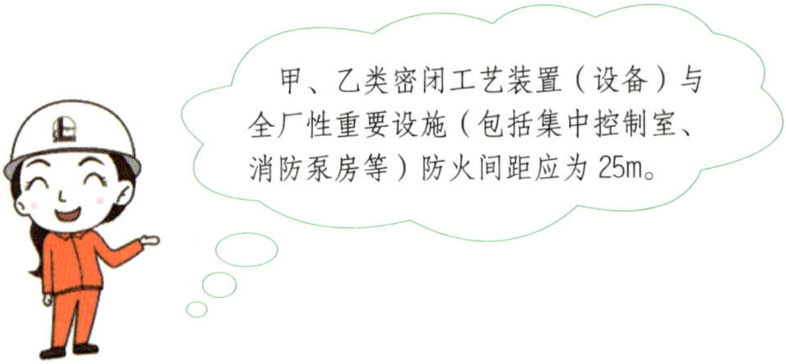

《石油天然气工程设计防火规范》（GB 50183—2004）中5.2.2.1

案例： 某沉降站，天然气分离器距集中控制室10.1m，防火间距不足。

燃料气分液包采用开式排放时，排放口距加热炉的防火间距应不小于15m。

《石油天然气工程设计防火规范》(GB 50183—2004)中5.2.6

案例： 某接转站，天然气分水器距离加热炉仅0.55m，安全间距不足。

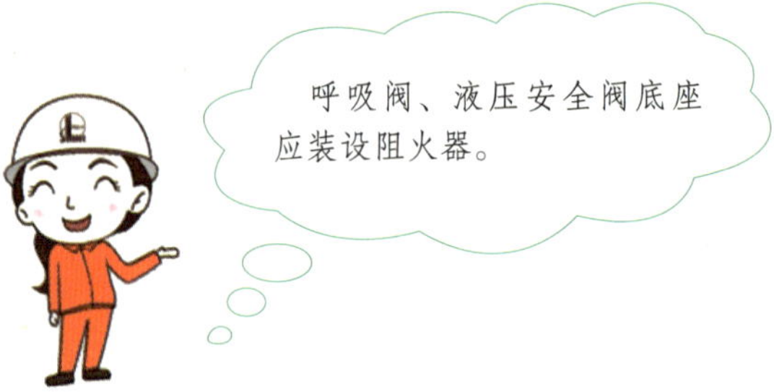

《陆上油气田油气集输安全规程》(SY 6320—2016) 中7.1.2

案例：某接转站，储油罐顶液压安全阀未安装阻火器。

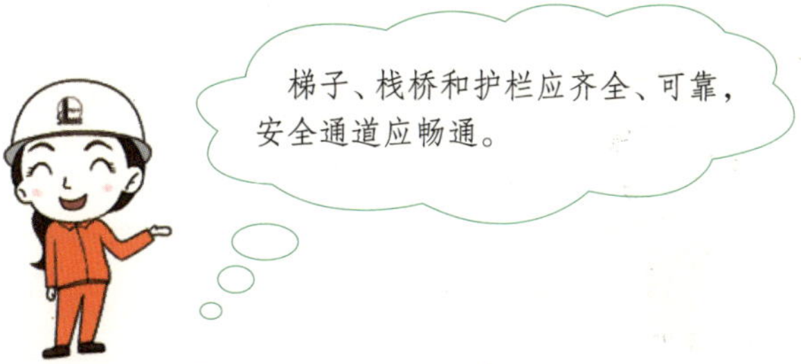

《陆上油气田油气集输安全规程》(SY 6320—2016)中3.3.5

案例： 某集输站，4号、7号罐区多处防火堤、隔堤安全通道被溢油管线阻挡，实测高度1.3m以上。

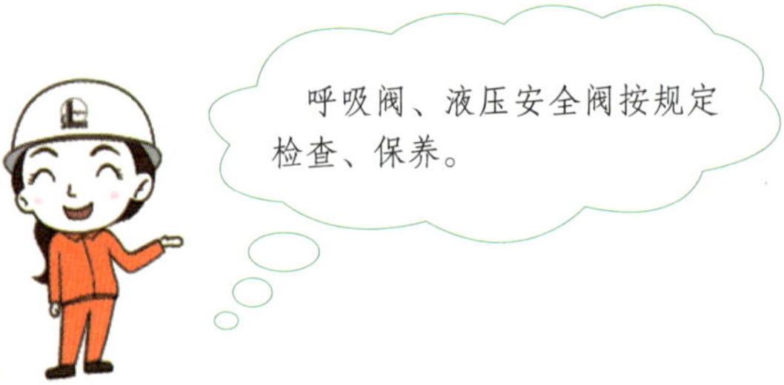

《陆上油气田油气集输安全规程》(SY 6320—2016)中7.1.2

案例: 某接转站，1号污水罐顶一台液压安全阀液压油漏失严重。

安全阀、温度计、压力表及硫化氢气体检测仪、可燃气体检测仪等安全仪器应完好。

《陆上油气田油气集输安全规程》（SY 6320—2016）中3.3.7

案例： 某接转站，加热炉操作间可燃气体检测仪显示数值为6，控制室内显示为0，数据显示不一致。

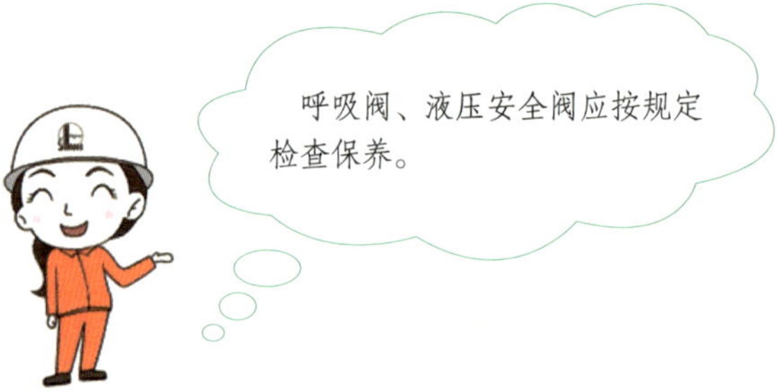

《陆上油气田油气集输安全规程》（SY 6320—2016）中7.1.2

案例：某输油站，2号储油罐罐顶液压安全阀里的液封油已漏光。

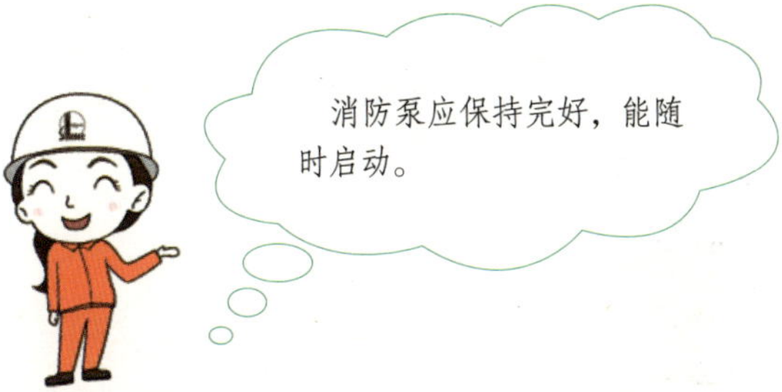

《陆上油气田油气集输安全规程》（SY 6320—2016）中10.2.4

案例： 某联合站，消防泵房共3台消防泵，其中2台盘泵不灵活，1台无法盘泵。

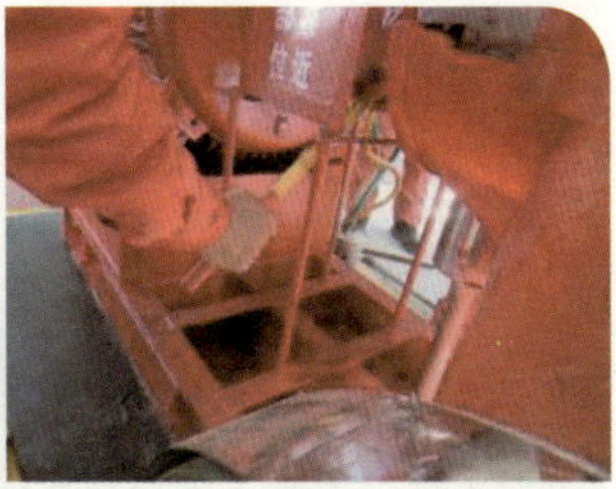

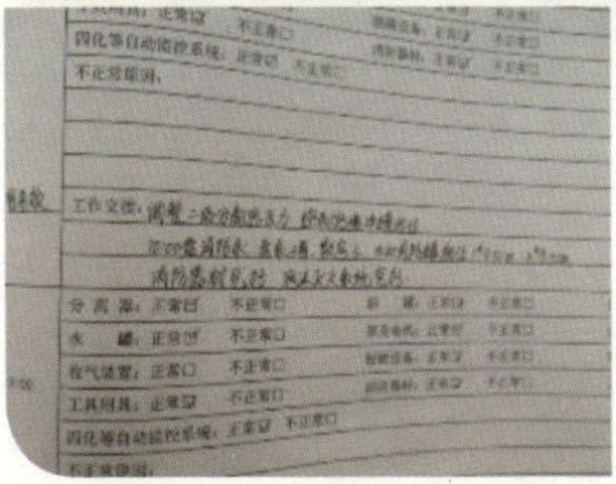

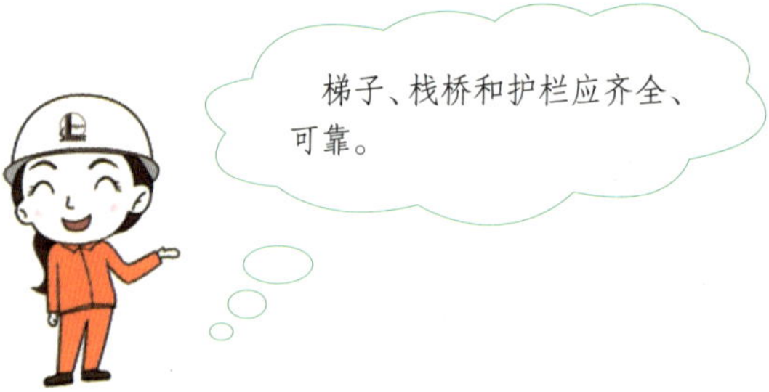

《陆上油气田油气集输安全规程》(SY 6320-2016)中3.3.5

案例： 某集输站，容积500m^3的原油储罐扶梯入口踏板、罐顶平台多处锈蚀穿孔。

安全阀、温度计、压力表及硫化氢气体检测仪、可燃气体检测仪等安全仪器应完好，经有资质部门检定并在有效期内。

《陆上油气田油气集输安全规程》(SY 6320—2016)中3.3.7

案例： 某储气库，天然气压缩机入口篮式过滤器压差表损坏后未及时更换。

每班应对消防泵盘泵450°，每周应试运转一次并有记录。

《陆上油气田油气集输安全规程》（SY 6320—2016）中10.2.8

案例：某输油站，未建立消防泵盘泵与运行记录。

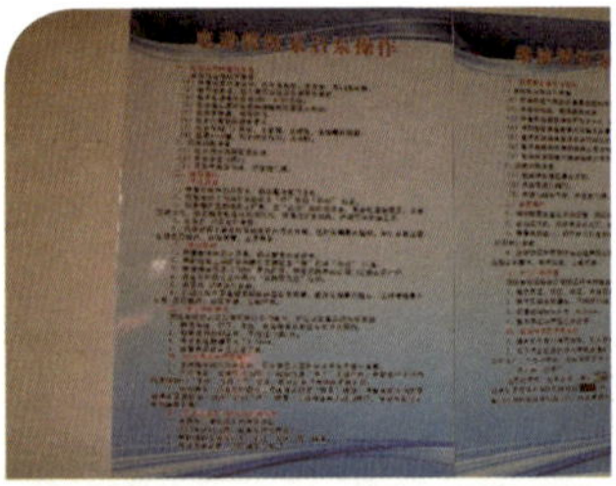

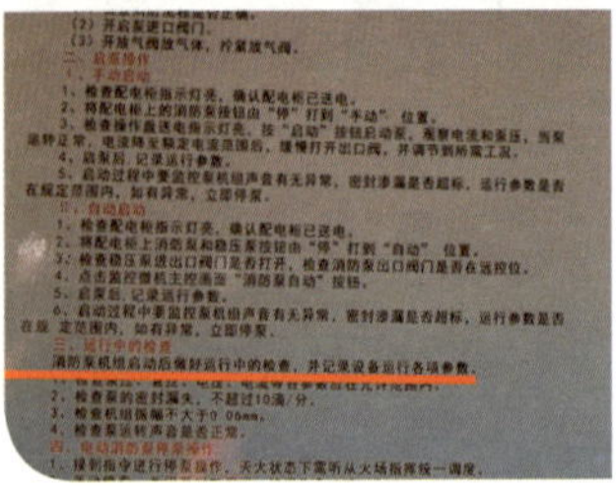

罐顶无锈蚀穿孔。

《钢质原油储罐运行安全规范》(SY/T 6306—2020)中5.2.1.2

案例：某联合站，2号卸油罐顶部破损有孔洞。

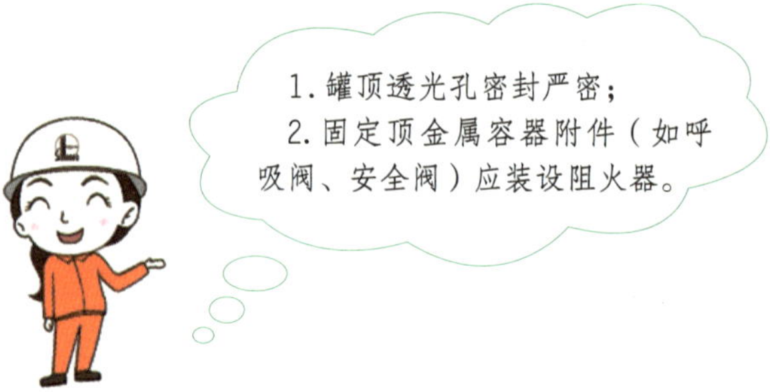

1.《钢质原油储罐运行安全规范》（SY/T 6306—2020）中5.2.1.2

2.《石油与石油设施雷电安全规范》（GB 15599—2009）中3.3

案例： 某联合站，8号沉降罐透光孔安装立管敞口排放可燃气体，且未安装阻火器，存在雷击引发火灾风险。

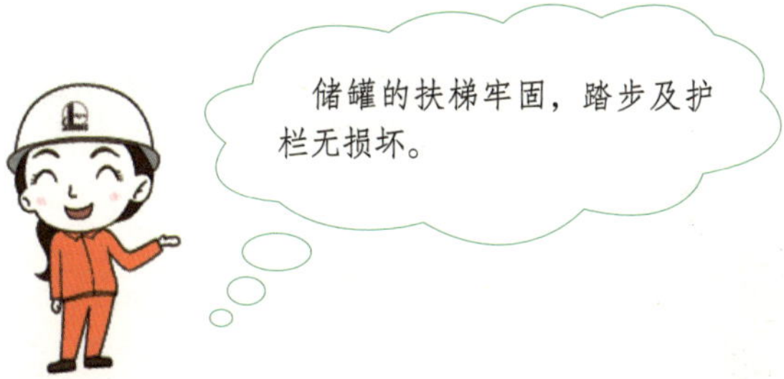

《钢质原油储罐运行安全规范》(SY/T 6306—2020)中5.2.1.1

案例: 某联合站,1号、2号污水罐罐顶踏板部分缺失。

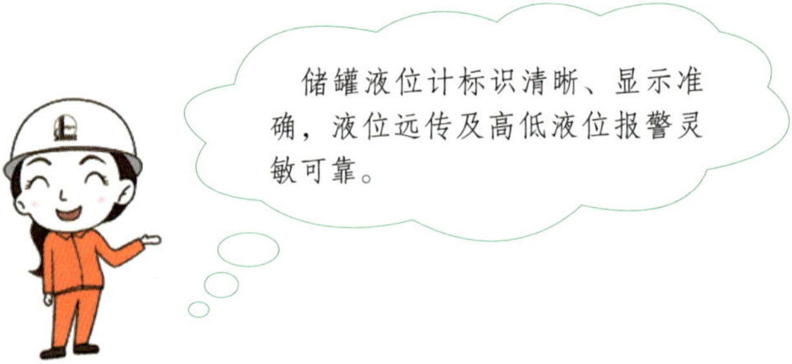

《钢质原油储罐运行安全规范》(SY 6306—2014)中 5.2.2

案例： 某接转站，3号沉降罐液位计报警值设置超仪表量程，无法有效报警。

报警及仪表参数设置

位号	名称	测量值	仪表零点	仪表量程	报警下限	报警上限	单位	报警[illegible]
IT_601A	2#分离器汇管温度	30.63	-50.00	150.00	0.00	60.00	度	[illegible]
LIT_601A	2#分离器水室液位	0.0795	0.0000	3.0000	0.0001	2.8000	米	[illegible]
LIT_601B	2#分离器油室液位	1.4000	1.4000	2.8000	0.1000	2.1000	米	[illegible]
PIT_601	2#分离器气体分压	0.00	0.00	1.00	0.00	0.40	兆帕	[illegible]
TIT_601B	2#分离器去缓冲罐温度	33.06	-50.00	150.00	0.00	60.00	度	[illegible]
TIT_701A	1#分离器汇管温度	29.72	-50.00	150.00	0.00	60.00	度	[illegible]
LIT_701A	1#分离器水室液位	2.6907	0.0000	3.0000	0.0000	2.8000	米	[illegible]
LIT_701B	1#分离器油室液位	1.7946	1.4000	2.8000	0.1000	2.0000	米	[illegible]
PIT_701	1#分离器气体分压	0.17	0.00	1.00	[illegible]	[illegible]	兆帕	[illegible]
TIT_701B	1#分离器去缓冲罐温度	27.59	-50.00	150.00	0.00	60.00	度	[illegible]
LIT_301	缓冲罐液位	1.32	0.00	2.50	1.20	[illegible]	米	[illegible]
PIT_301	缓冲罐压力	0.00	0.00	1.60	0.00	[illegible]	兆帕	[illegible]
LIT_401	储油罐液位	1.12	0.00	10.00	[illegible]	10.00	米	[illegible]
LIT_501	1#沉降罐液位	1.80	0.00	15.00	1.50	[illegible]	米	[illegible]
LIT_502	2#沉降罐液位	[illegible]	0.00	[illegible]	[illegible]	[illegible]	米	[illegible]
LIT_503	3#沉降罐液位	9.35	0.00	11.00	[illegible]	12.00	米	[illegible]
LIT_504	4#沉降罐液位	5.17	0.00	[illegible]	[illegible]	[illegible]	米	[illegible]
LIT_801	污水池液位	0.00	0.00	2.50	[illegible]	[illegible]	米	[illegible]
LIT_802	污泥池液位	[illegible]	[illegible]	2.40	0.00	[illegible]	米	[illegible]
LIT_901	[illegible]	0.56	0.00	1.40	[illegible]	[illegible]	米	

联锁停泵参数设置

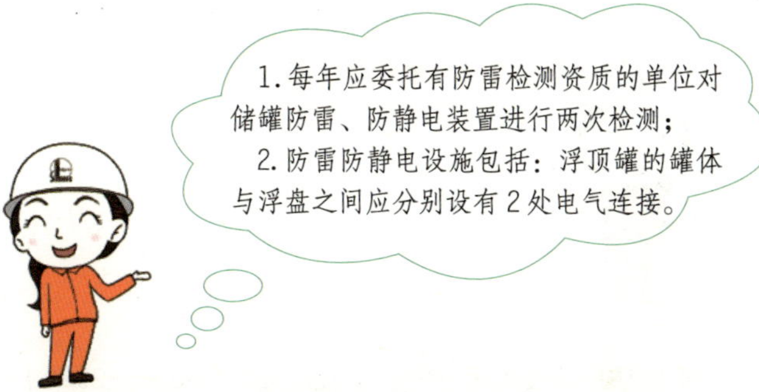

1.《钢质原油储罐运行安全规范》(SY/T 6306—2020) 中5.2.2.4

2.《钢质原油储罐运行安全规范》(SY/T 6306—2020) 中5.2.2.2

案例： 某原油库，14 个原油储罐未开展浮船与罐壁等电位连接检测，存在雷电及静电不能及时消除的风险。

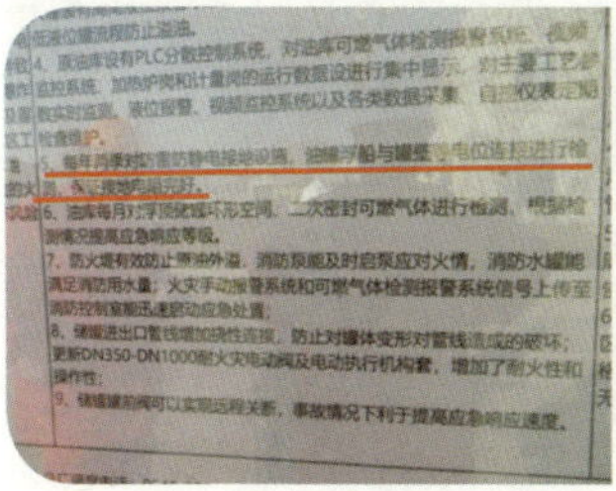

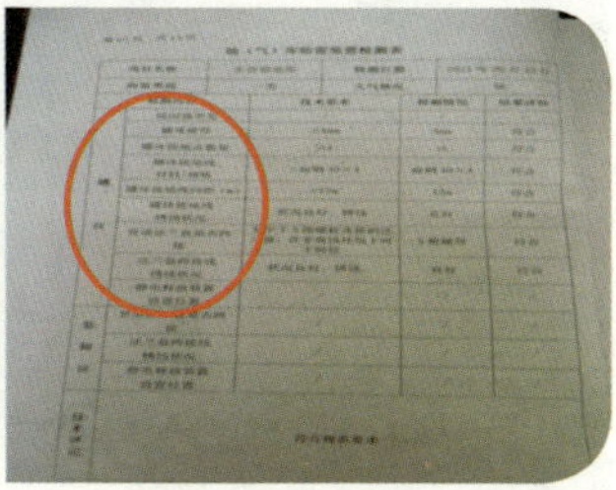

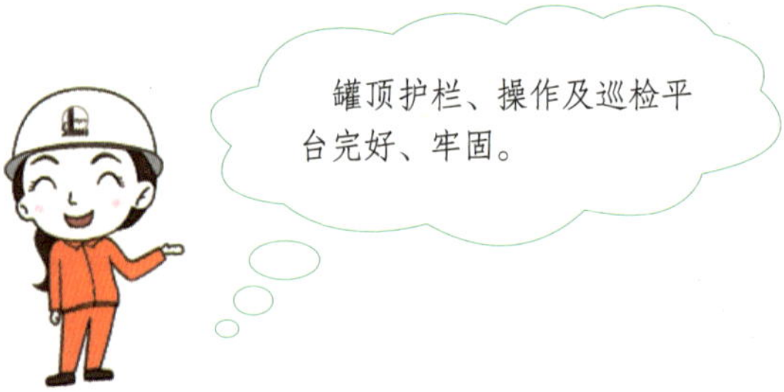

《钢质原油储罐运行安全规范》(SY/T 6306—2020)中5.2.1.2

案例： 某联合站，新建的1号、2号储罐罐顶巡检平台格栅未铺满，存在人员伤害风险。

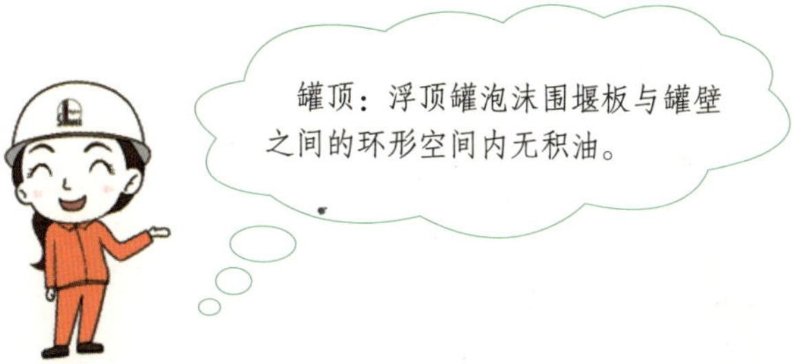

《钢质原油储罐运行安全规范》(SY/T 6306—2020)中5.2.1.2

案例： 某原油库，原油罐泡沫围堰板与罐壁之间的环形空间内有污油，存在火灾风险。

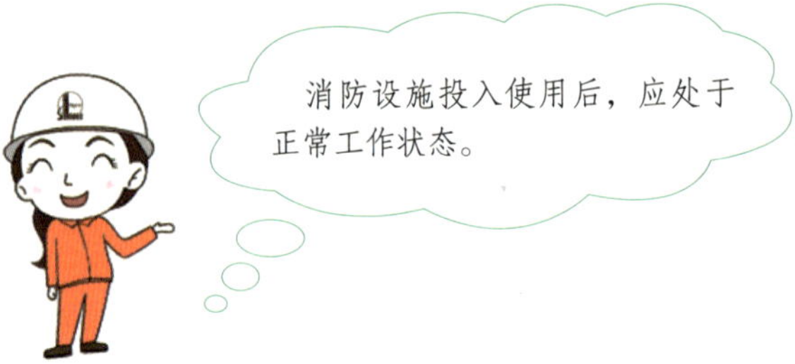

《消防设施维护管理规定》(Q/SH1020 2210—2013) 中4.4

案例：某联合站，储油罐区两台消防炮转动不灵活。

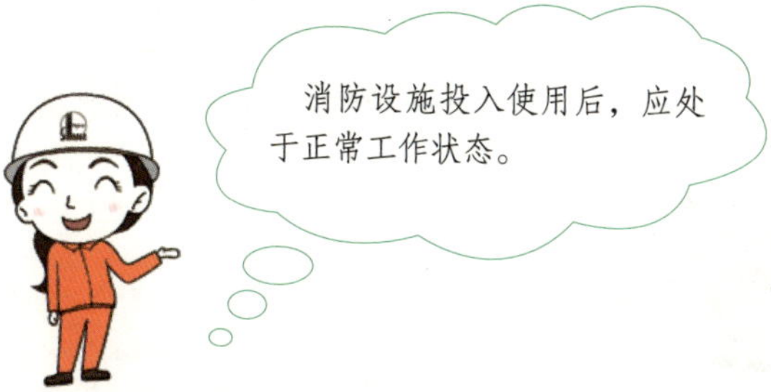

《消防设施维护管理规定》（Q/SH1020 2210—2013）中4.4

案例：某输油站，原油储罐区消防柜内的一支消防水枪卡扣断裂。

室外消防箱内水带、水枪、灭火器、消防桶、消防铲、消防斧、灭火毯等设施齐全完好。

《消防设施维护管理规定》(Q/SH1020 2210—2013)中6.2.15.4

案例： 某联合站，罐区消防箱内消防水枪与水带接口不匹配，应急情况下无法组合使用。

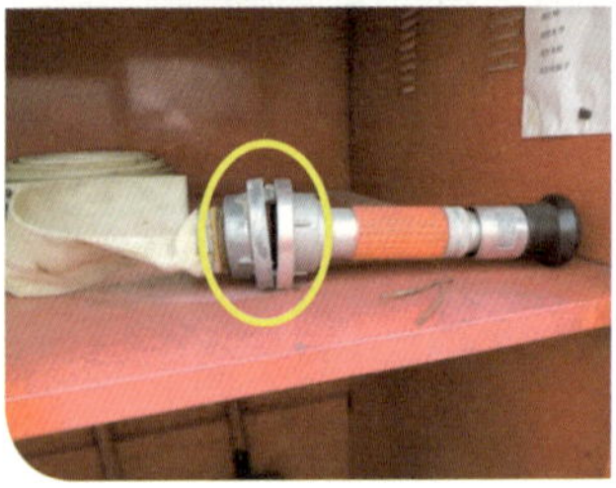

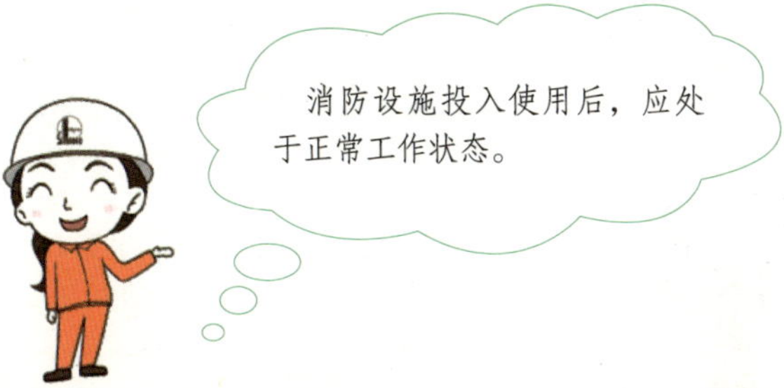

《消防设施维护管理规定》(Q/SH 1020 2210—2013)中4.4

案例： 某储气库压缩机房，消防水管线上的控制闸门均未开启，不便于突发情况下应急处置。

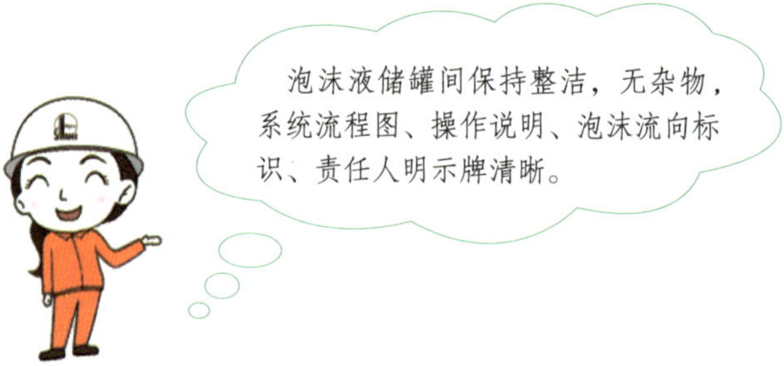

《消防设施维护管理规定》（Q/SH1020 2210—2013）中6.2.6.1

案例： 某联合站消防泵房内，泡沫液储罐阀门无编号、无系统流程图、操作说明不具体。

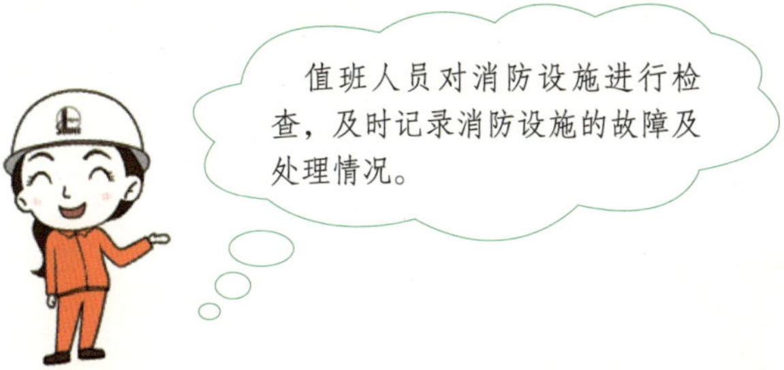

《消防设施维护管理规定》(Q/SH1020 2210—2013)中5.2

案例： 某联合站，消防阀组间门锁损坏无法打开，消防巡查不到位。

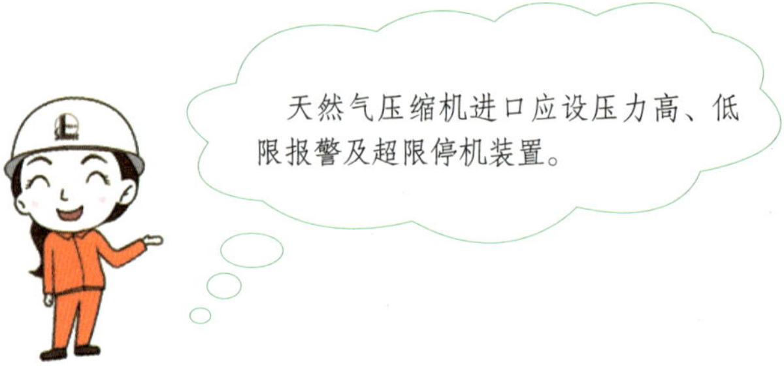

《油田油气集输设计规范》（GB 50350—2015）中 4.4.10

案例： 某零散气回收现场，承包商使用的天然气压缩机进口无压力高、低限报警及超限停机装置。

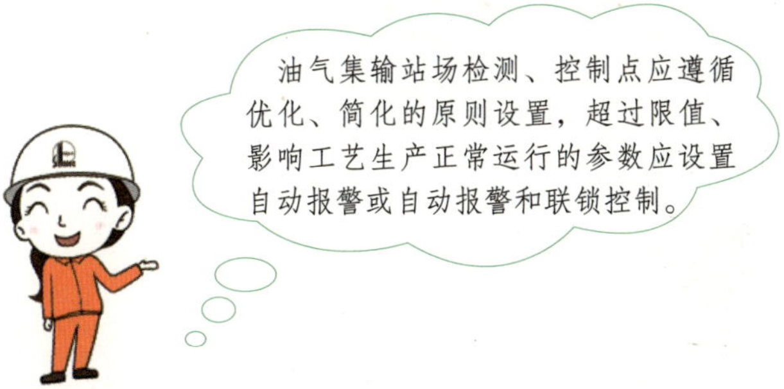

《油田油气集输设计规范》(GB 50350—2015) 中 9.2.2

案例： 某接转站，一台分离器气压上、下限报警值设置错误且无法自动报警。

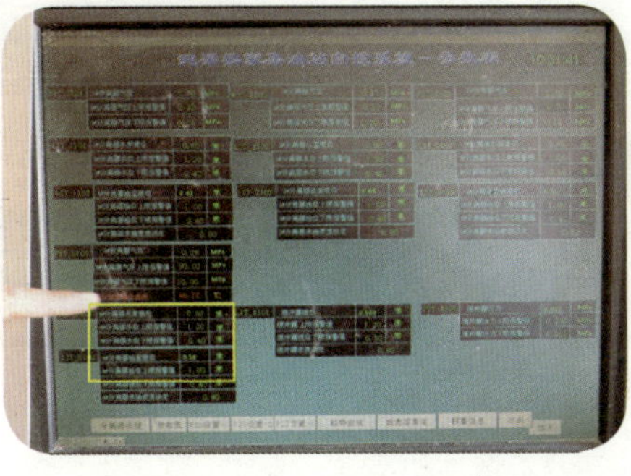

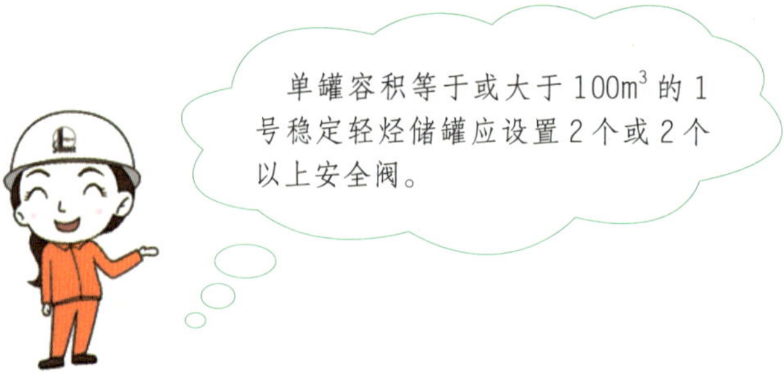

《油田油气集输设计规范》(GB 50350—2015)中7.3.9

案例： 某联合站，容积为 $100m^3$ 的稳定轻烃储罐存储介质为1号稳定轻烃，储罐只设有1个安全阀。

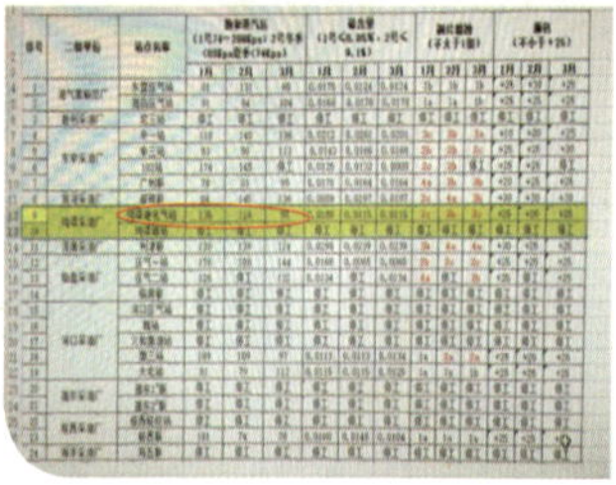

油气集输站场检测、控制点应遵循优化、简化的原则设置，超过限值、影响工艺生产正常运行的参数应设置自动报警或自动报警和联锁控制。

《油田油气集输设计规范》(GB 50350—2015)中 9.2.2

案例： 某联合站，1~4号原油稳定塔进出压力、温度报警未投用。

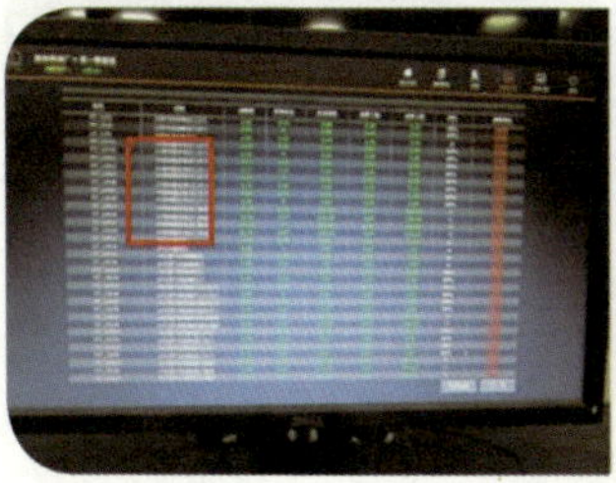

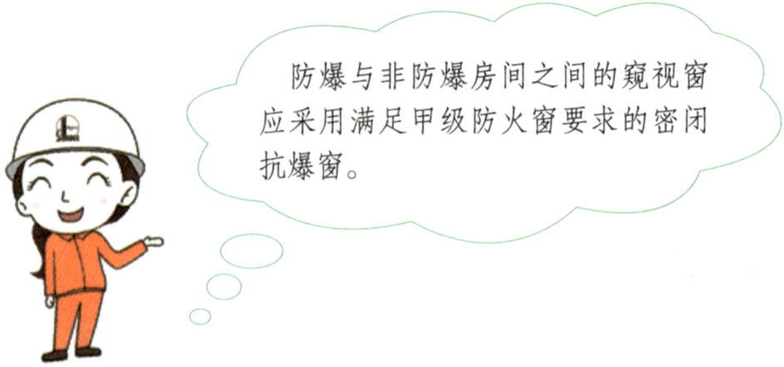

《油田油气集输设计规范》（GB 50350—2015）中 11.4.7

案例： 某海油陆岸终端站，外输泵房与值班室之间使用非防火、抗爆的窥视窗。

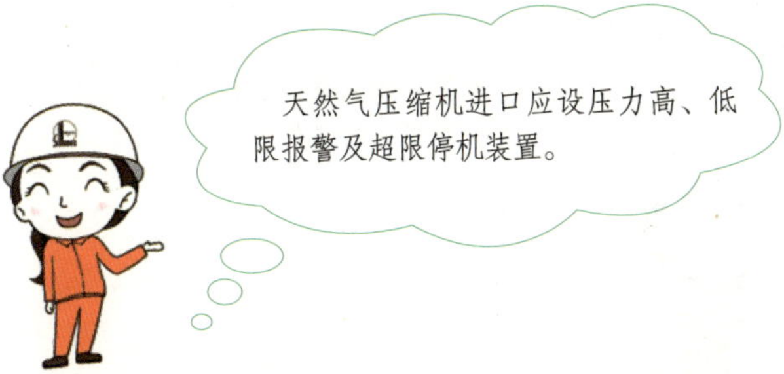

《油田油气集输设计规范》(GB 50350—2015)中 4.4.10

案例： 某联合站，大罐抽气压缩机入口、出口压力未引入控制系统，无压力高、低限报警及超限停机保护功能。

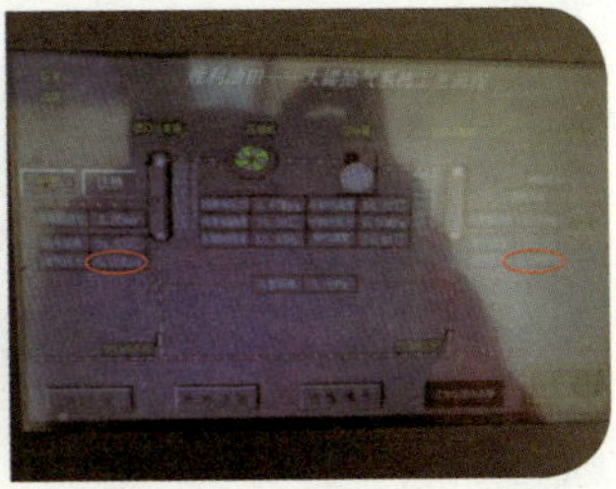

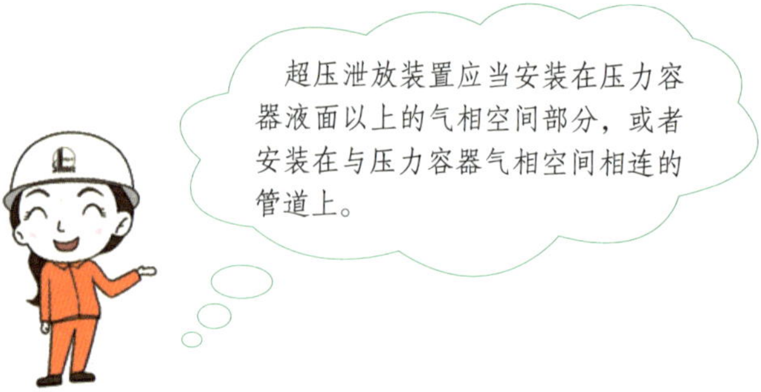

《固定式压力容器安全技术监察规程》（TSG 21—2016）中9.1.3

案例： 某接转站，天然气分离器安全阀安装在进口管道处。

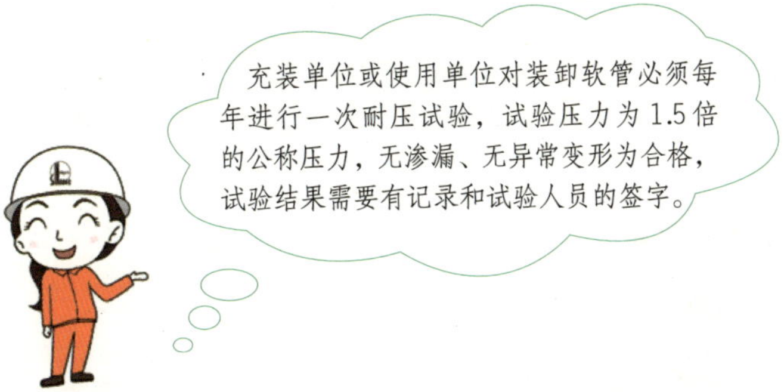

《固定式压力容器安全技术监察规程》(TSG 21—2016)中7.1.9

案例：某天然气供气点，LNG装卸软管仅开展气密性试验，未开展耐压试验，存在不能及时发现软管缺陷风险。

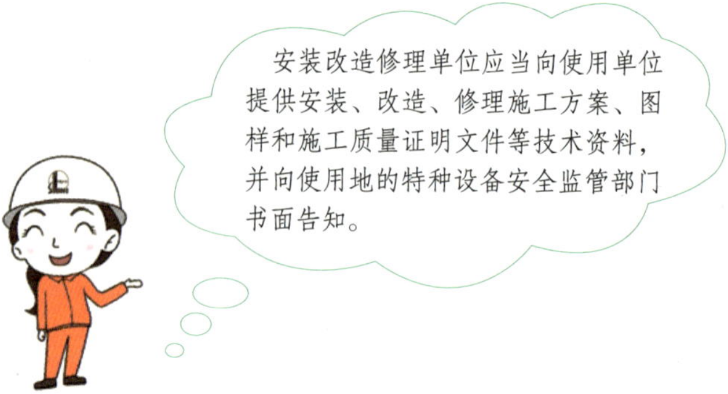

《固定式压力容器安全技术监察规程》（TSG 21—2016）中5.1第3、4条

案例： 某集油站，两台立式分离器承压筒体上焊接有后期安装的操作平台，无施工方案、图样及施工质量证明文件。

压力容器的选材应当考虑材料的力学性能、物理性能、工艺性能和与介质的相容性。

《固定式压力容器安全技术监察规程》(TSG 21—2016)中2.1.1

案例： 某沉降站，在用的3号三相分离器采用非抗硫材质制造，目前介质中硫化氢峰值含量390mg/m^3，技术部门未针对介质成分变化情况对设备发生氢脆腐蚀风险进行评价。

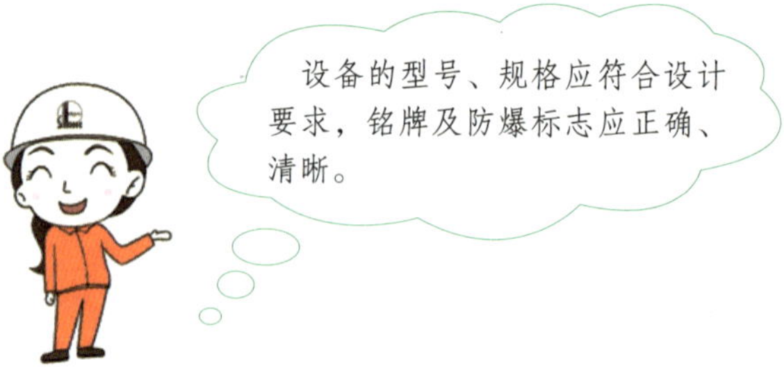

《电气装置安装工程爆炸和火灾危险环境电气装置施工及验收规范》(GB 50257—2014)中4.2.1.1

案例： 某联合站，天然气压缩机防爆接线盒壳体标注“e”，铭牌标注“d”，防爆类型不一致，为非防爆产品。

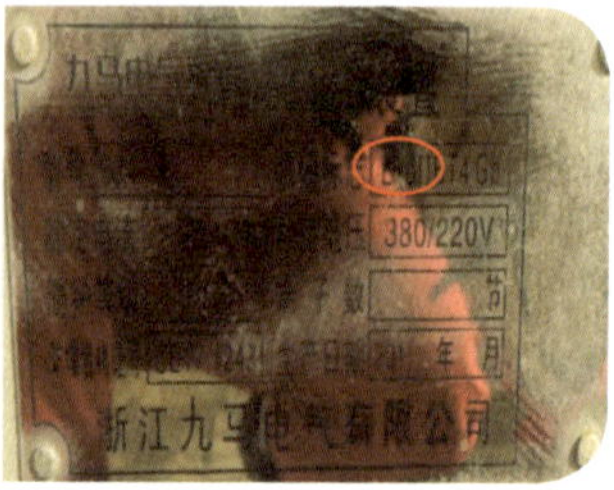

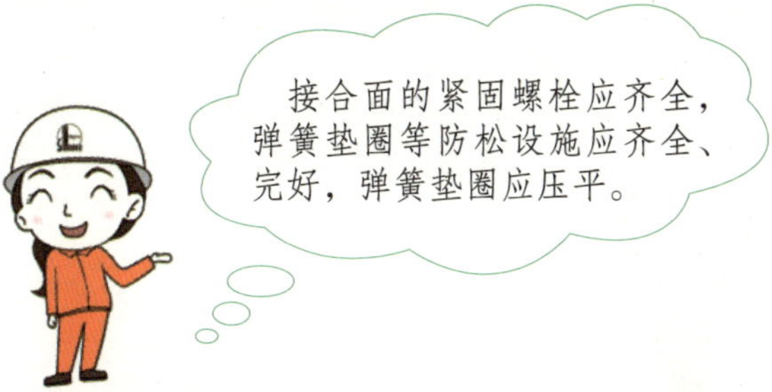

《电气装置安装工程爆炸和火灾危险环境电气装置施工及验收规范》(GB 50257—2014)中4.2.1

案例： 某联合站，分离器区防爆配电箱2条紧固螺栓缺失，1条紧固螺栓未上满扣；大罐抽气间防爆配电箱1条紧固螺栓弹簧垫圈缺失。

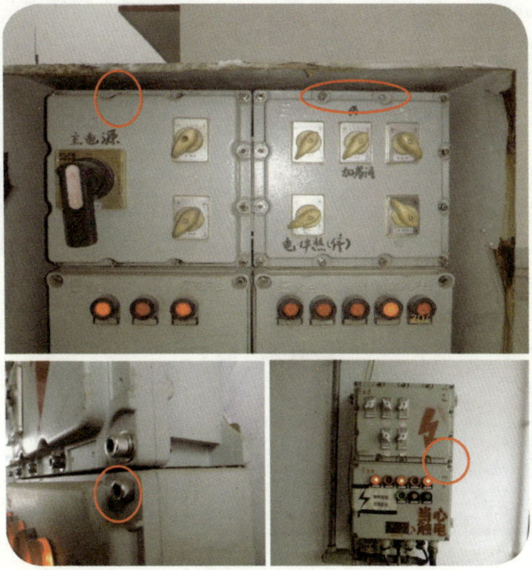

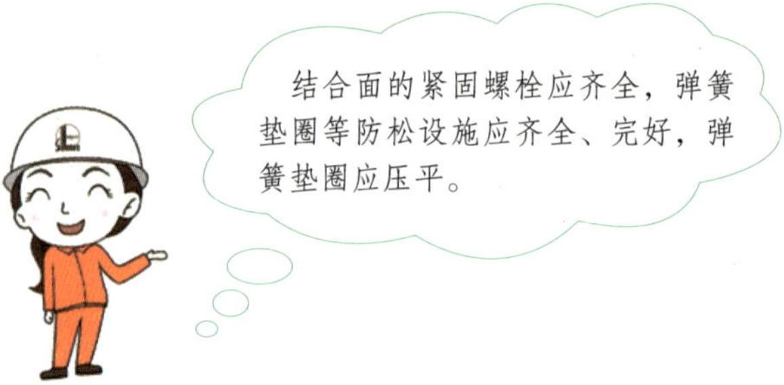

《电气装置安装工程爆炸和火灾危险环境电气装置施工及验收规范》(GB 50257—2014)中4.2.1

案例： 某集输站，卸油泵房内防爆接线盒的一条螺栓缺失、一条螺栓不紧固，导致结合面不密封。

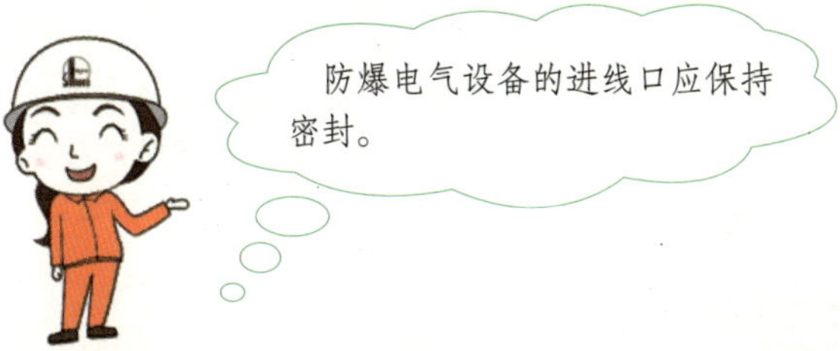

《电气装置安装工程爆炸和火灾危险环境电气装置施工及验收规范》(GB 50257-2014)中4.1.4

案例：某天然气处理站，压缩机房内防爆电机电缆进口未有效密封。

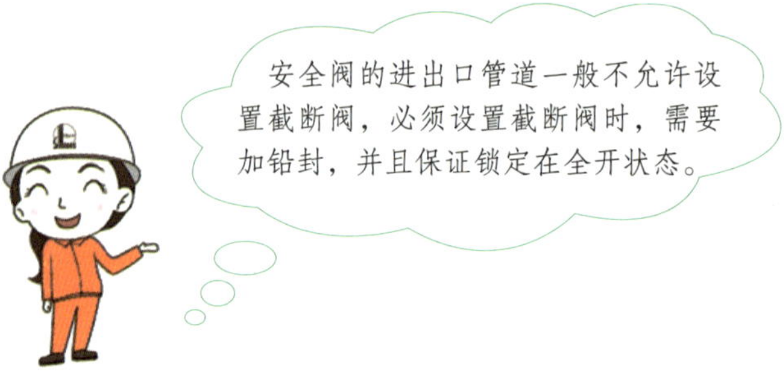

《安全阀安全技术监察规程》（TSG ZF001—2006）中附件B

案例： 某计量站，混输螺杆泵安全阀出口、入口阀门未全开。

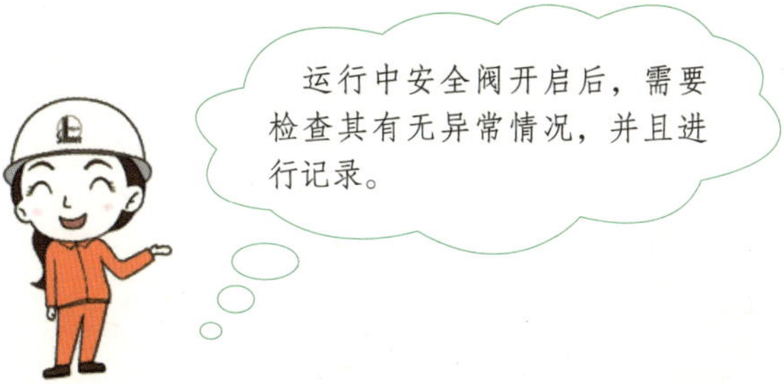

《安全阀安全技术监察规程》（TSG ZF001—2006）中附件B5.2

案例： 某联合站，大罐油气回收装置二级压缩机出口的安全阀处于开启状态（安全阀开启压力0.2MPa，流程压力0.31MPa），巡检人员未发现和记录。

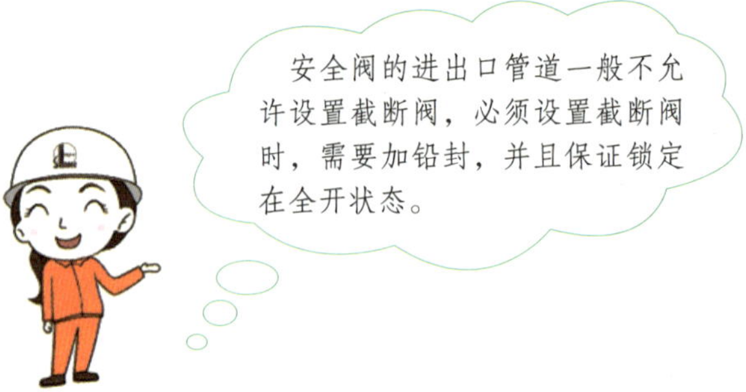

《安全阀安全技术监察规程》（TSG ZF001—2006）中附件B4.2

案例：某集油站，高效油气分离器安全阀的进口阀门未全开。

安全阀的选用应符合以下要求：排放有毒或者可燃性介质时必须选用封闭式安全阀。

《安全阀安全技术监察规程》（TSG ZF001—2006）中附件B5.1

案例： 某接转站，地下罐［硫化氢含量63ppm（1ppm=10^{-6}）］选用非封闭的弹簧式安全阀。

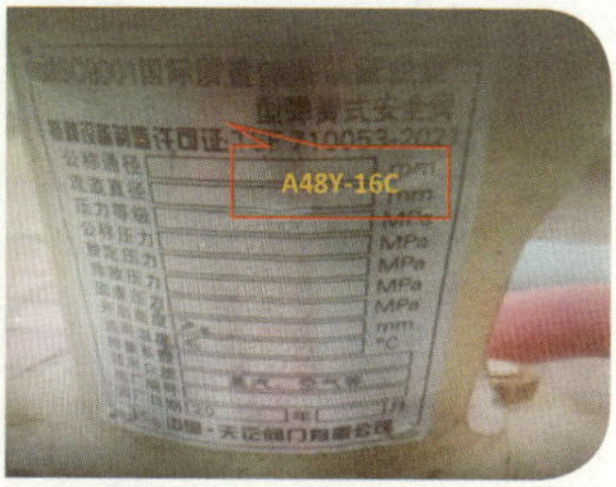

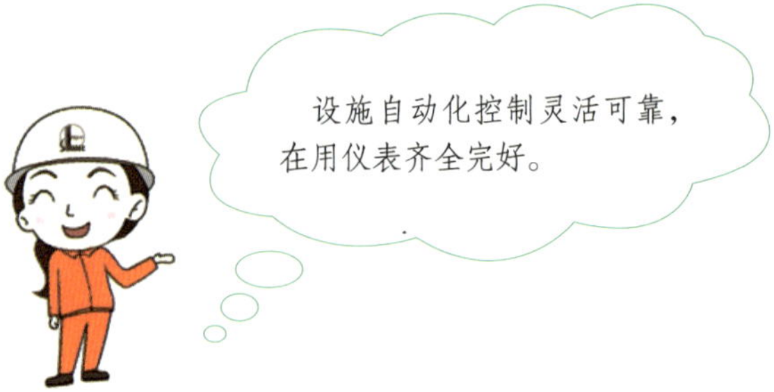

《矿场集输站库运行管理规范》(Q/SH1020 0787—2017)中7.3.9

案例：某原油管线监控阀组室，未按设计要求安装可燃气体报警仪、防爆操作柱等设备，已安装的电动阀等设备未通电。

在用分离器应按时检查出油、出水液面调节机构及液位计等，现场巡检读取数据应与自动采集系统的数据进行核对，确保数据的准确性。

《矿场集输站库运行管理规范》(Q/SH1020 0787—2017)中7.3.2

案例：某接转站，三相分离器磁翻板液位计刻度盘损坏，且无雷达液位计，无法判断分离器内实际液位。

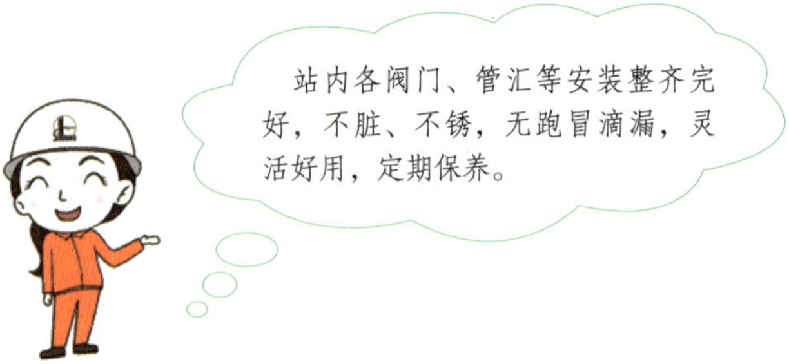

《矿场集输站库运行管理规范》(Q/SH1020 0787—2017)中7.3.9

案例： 某接转站，天然气干燥器底部放空阀门漏气。

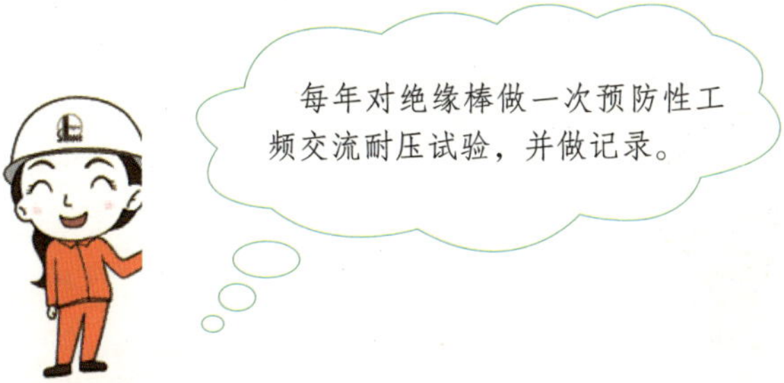

《油气集输安全检查规范》(Q/SH1020 1001—2013) 中 6.2.1

案例： 某联合站，电脱水器内的绝缘棒未做预防性工频交流耐压试验，存在绝缘棒击穿引起火灾风险。

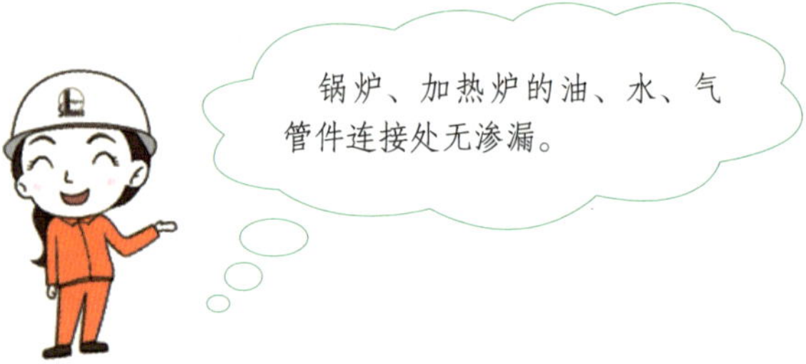

《油气集输安全检查规范》(Q/SH1020 1001—2013)中6.1.1

案例： 某联合站，4号加热炉燃烧器与燃气管线连接处焊缝开裂，天然气外漏，存在火灾风险。

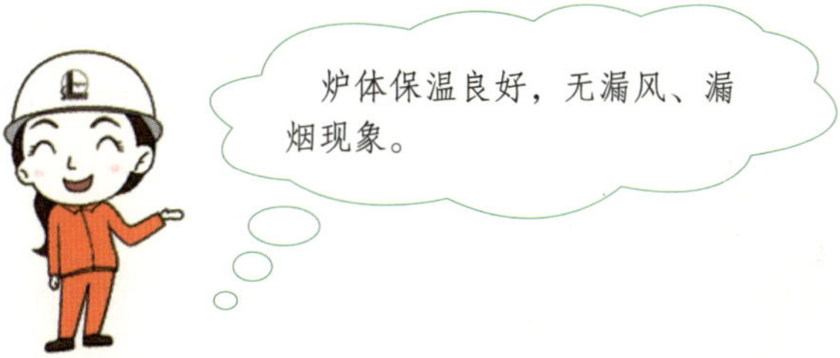

《油气集输安全检查规范》(Q/SH1020 1001—2013)中4.2.1.2

案例： 某接转站，1号加热炉后炉板焊缝开裂，防爆门密封不严，有气流声，存在保温绝热层破损及炉板变形风险。

同安全阀连接的排放管道的设计和安装应不影响安全阀的排量。

《安全阀 一般要求》(GB/T 12241—2021)中10.4.1

案例：某联合站加药间，1号加药泵出口安全阀放空管线上的阀门关闭。

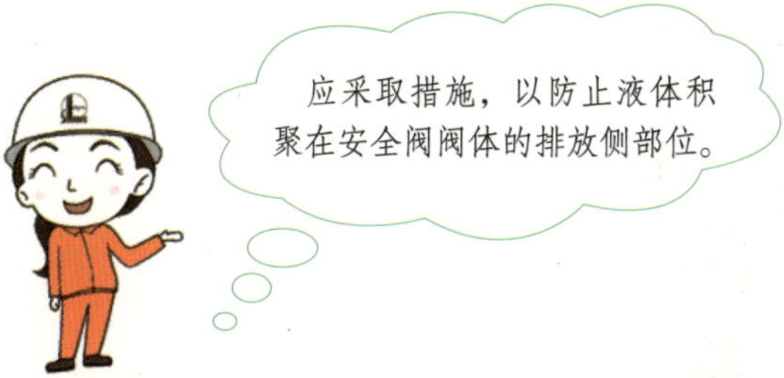

《安全阀　一般要求》(GB/T 12241—2021)中5.1.6

案例： 某联合站，3号分离器安全阀泄放管内有积液，存在影响正常泄放风险。

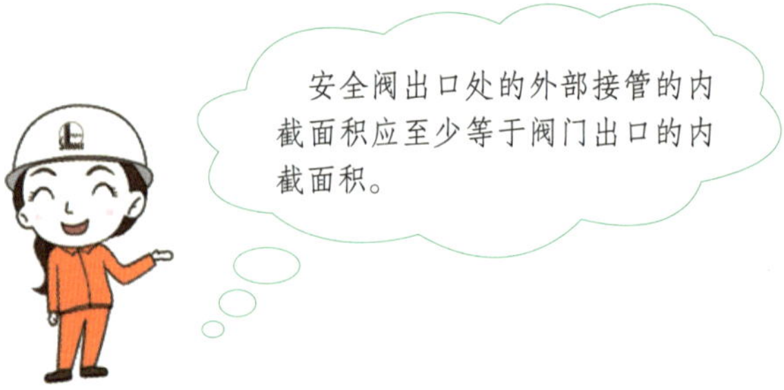

《安全阀　一般要求》(GB/T 12241—2021)中5.2.2

案例： 某天然气处理站，压缩机二级缓冲罐安全阀出口外部接管直径小于安全阀出口管径。

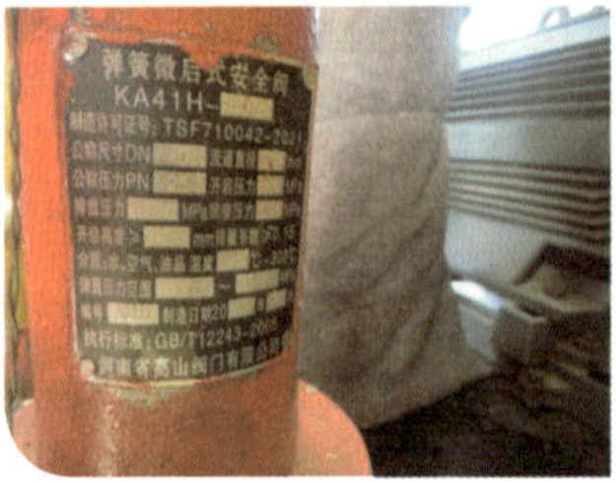

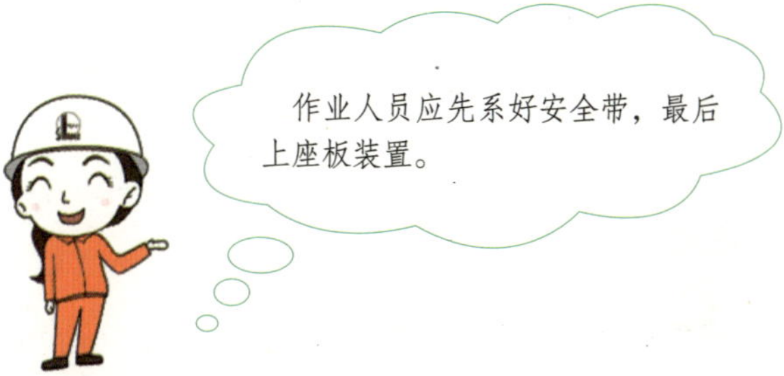

《座板式单人吊具悬吊作业安全技术规范》(GB 23525—2009)中7.2.5

案例：某原油库外输泵房外墙粉刷施工现场，承包商施工人员攀爬座板式单人吊具过程未正确系挂安全带，存在人员跌落风险。

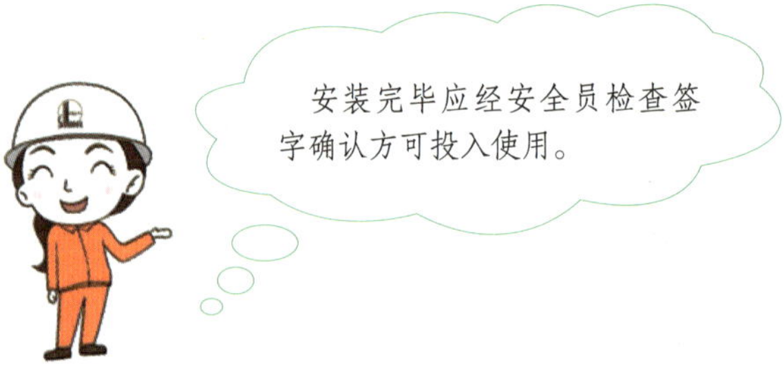

《座板式单人吊具悬吊作业安全技术规范》(GB 23525—2009)中7.1

案例：某原油库外输泵房外墙粉刷施工现场，承包商使用的座板式单人吊具安装完成后未验收，施工人员安全绳沿屋顶边缘敷设，存在滑脱跌落风险。

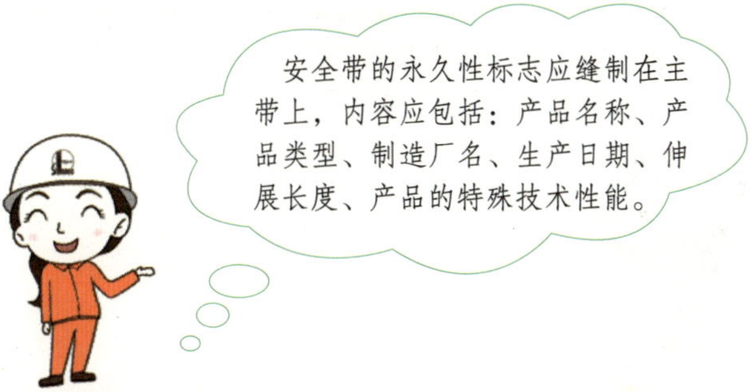

《安全带》(GB 6095—2009)中7.2.1

案例： 某储气库项目配电室外墙粉刷施工现场，承包商使用的安全带无制造厂名、生产日期等永久性标志。

1. 零部件不应产生织带撕裂、环状零件开口、绳断股、缝线迸裂等足以使零件失效的情况；

2. 安全带的永久性标志应缝制在主带上。

1.《安全带》(GB 6095-2009)中6.2.4.1

2.《安全带》(GB 6095-2009)中7.2.1

案例： 某接转站装油台，操作人员装油作业使用的安全带织带老化破损、无永久性标识。

安全阀的设定压力要求不大于被保护系统内最低的设计压力。

《安全阀的设置和选用》(HG/T 20570.2—1995)中 2.0.16

案例： 某压气站，压缩机入口安全阀整定压力值为 1.0MPa，高于一级进气洗涤罐设计压力(0.9MPa)。

安全阀的设定压力要求不大于被保护系统内最低的设计压力。

《安全阀的设置和选用》（HG/T 20570.2—1995）中2.0.16

案例： 某天然气处理站，两相分离器（A）设计压力为3.7MPa，安全阀整定压力为4.5MPa，超过设计压力。

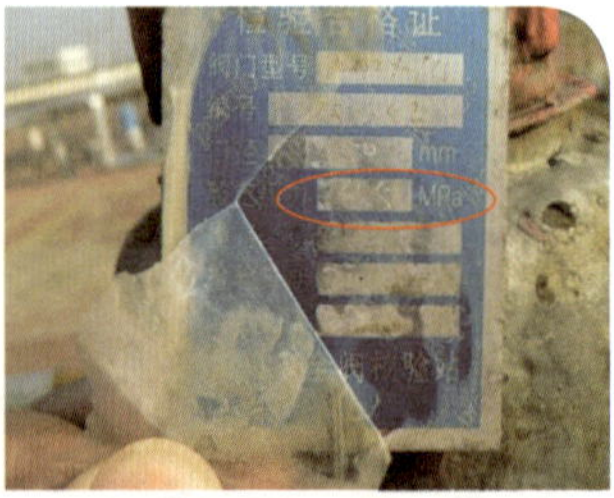

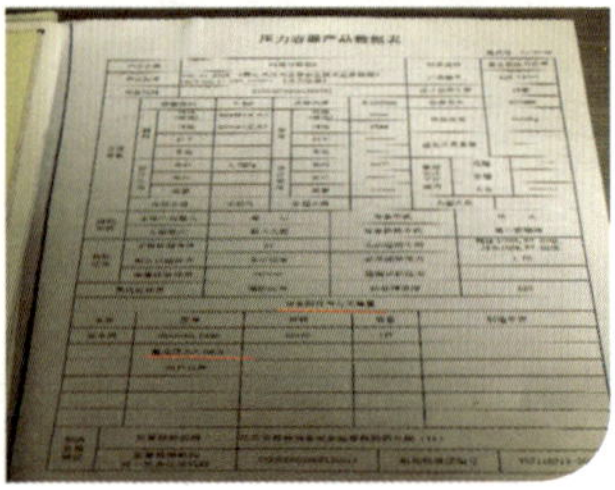

平台应安装在牢固可靠的支撑结构上。

《固定式钢梯及平台安全要求　第3部分：工业防护栏杆及钢平台》（GB 4053.3-2009）中6.3

案例： 某原油库，螺杆泵房与供油泵房屋顶之间的巡检通道平台未有效固定。

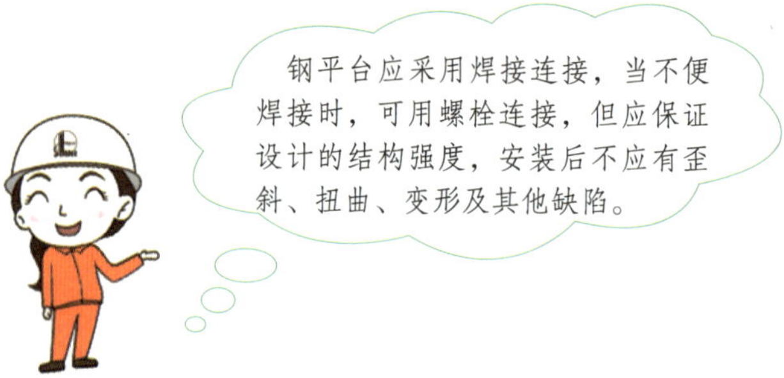

《固定式钢梯及平台安全要求　第3部分：工业防护栏杆及钢平台》（GB 4053.3—2009）中4.5.1

案例： 某接转站，1号、2号分离器之间的巡检通道连接处弯曲、错位，用于平台连接的固定螺栓未上紧，2个螺栓螺帽缺失。

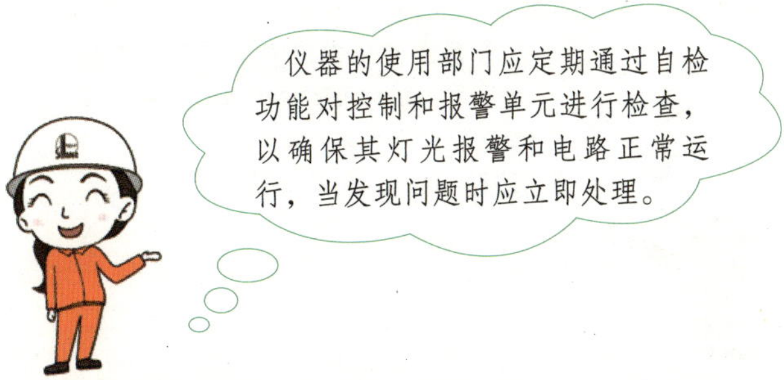

《可燃和有毒气体检测报警仪器选型、安装、使用及维护技术规范》（Q/SH 0457—2012）中8.2.1.2

案例： 某废液处理站，两台可燃气体报警仪断电停用。

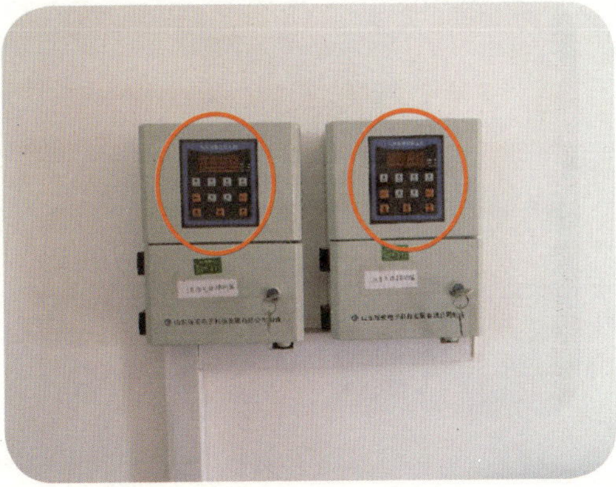

仪器的使用部门应定期通过自检功能对控制和报警单元进行检查，以确保其灯光报警和电路正常运行，当发现问题时应立即处理。

《可燃和有毒气体检测报警仪器选型、安装、使用及维护技术规范》（Q/SH 0457—2012）中8.2.1.2

案例： 某轻烃站，脱硫塔（B）、2号原料气压缩机区的硫化氢气体报警器未通电。

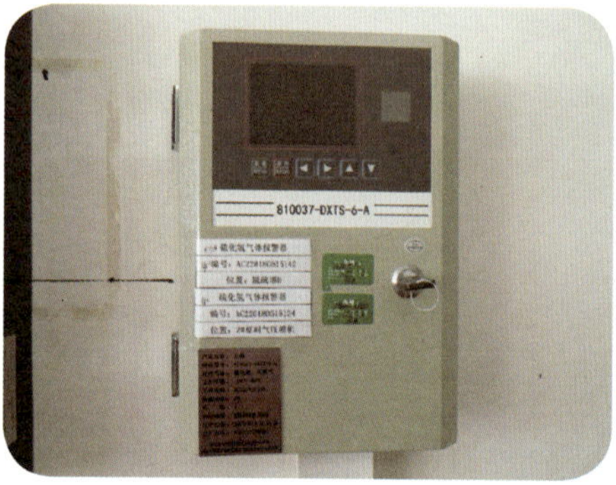

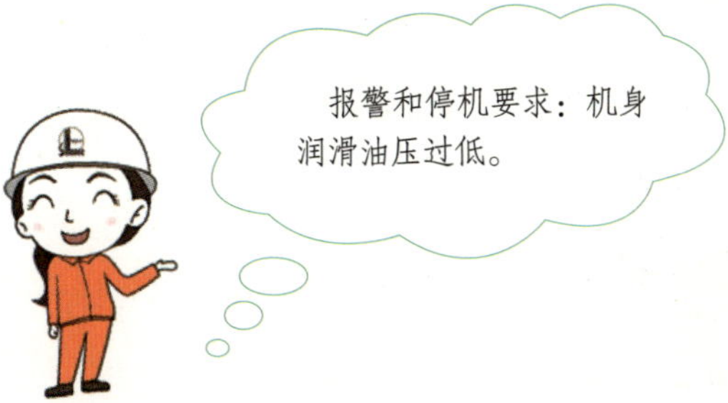

《石油及天然气工业用往复压缩机》（GB/T 20322—2006）中10.5.1

案例：某联合站，天然气压缩机润滑油电接点压力表损坏，润滑油压力低报警停机功能失效。

选择压力表量程宜使正常运行压力显示在压力表量程中间。

《石油及天然气工业用往复压缩机》(GB/T 20322—2006)中10.4.3.2

案例： 某联合站压缩机房，压缩机一次排气压力表选型不当，指示值已超过最大量程，无法显示实际工作压力，存在超压运行风险。

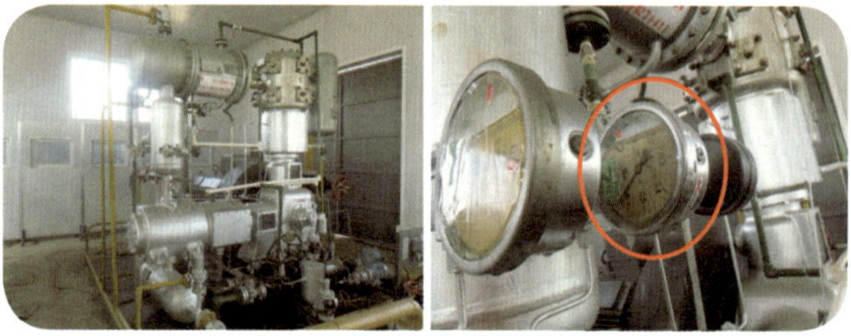

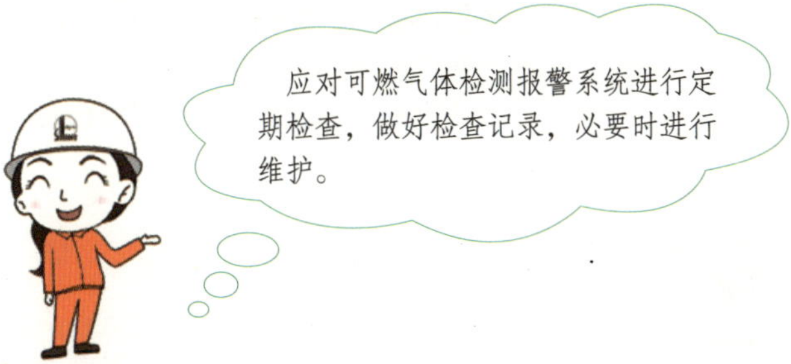

《石油天然气工程可燃气体检测报警系统安全规范》（SY 6503—2016）中8.2

案例： 某集气站，因一台可燃气体报警器连续故障报警，值班人员将站内10台报警器全部断电停用。

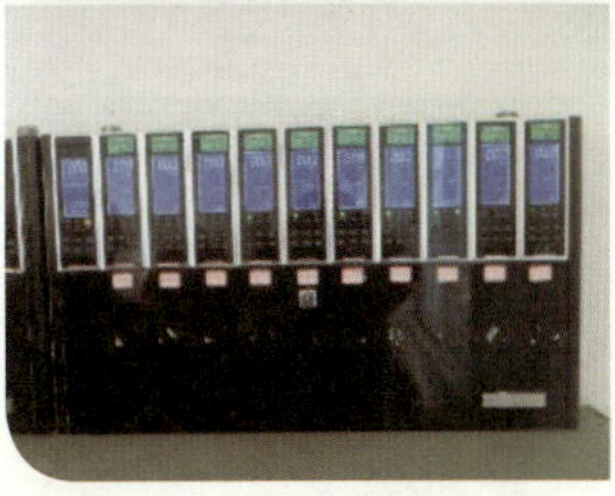

1. 应对可燃气体检测报警系统进行定期检查，做好检查记录，必要时进行维护；

2. 已投入使用的可燃气体检测器的检定周期应不超过一年。

1.《石油天然气工程可燃气体检测报警系统安全规范》（SY 6503—2016）中8.2

2.《石油天然气工程可燃气体检测报警系统安全规范》（SY 6503—2016）中9.5

案例： 某气井收气现场，承包商使用的撬装加热房内可燃气体报警仪未投用且超期未检定。

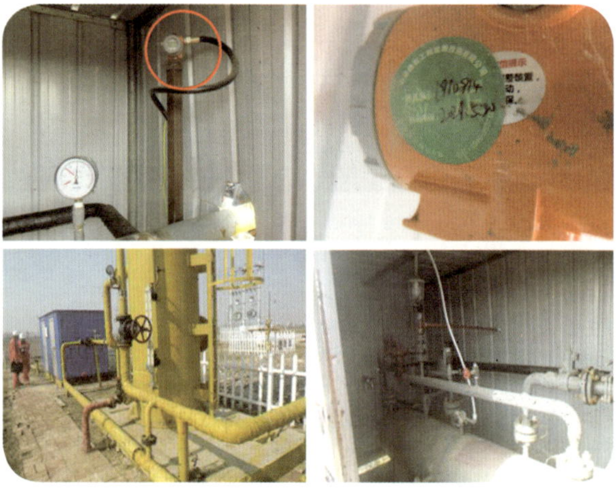

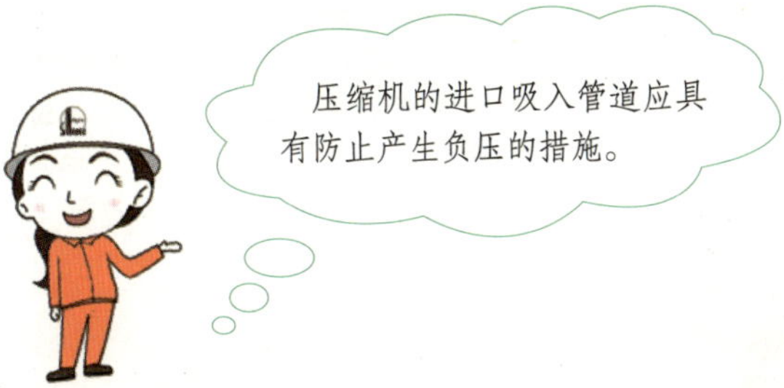

《天然气集输、处理和输送防火防爆安全管理规定》（Q/SH1020 0742—2017）中7.6

案例： 某集输站大罐抽气装置运行现场，压缩机联锁保护逻辑设计错误，导致分离罐进口快速截止阀前压力已低于联锁停机设定值，联锁失效。

1. 稳定轻烃罐区内应设可燃气体检测报警装置，并在四周设置手动报警按钮；

2. 每个防火区应至少设置一只手动火灾报警按钮，从一个防火区内的任何位置到最邻近的手动火灾报警按钮的步行距离应不大于30m。

1.《天然气集输、处理和输送防火防爆安全管理规定》（Q/SH1020 0742—2017）中8.1.11

2.《火灾自动报警系统设计规范》（GB 50116—2013）中6.3.1

案例： 某压气站轻烃罐区施工项目，仅在轻烃罐区西侧设置两处可燃气体手动报警按钮，其他方向均未设置。

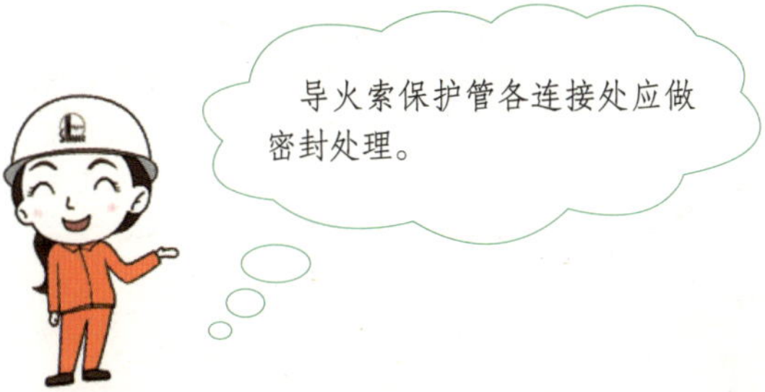

《烟雾灭火系统技术规程》(CECS：169—2015)中5.3.14

案例： 某联合站，净化油罐烟雾灭火装置的发烟器拆除后，引燃装置中的导火索未拆除且暴露在外，存在火灾风险。

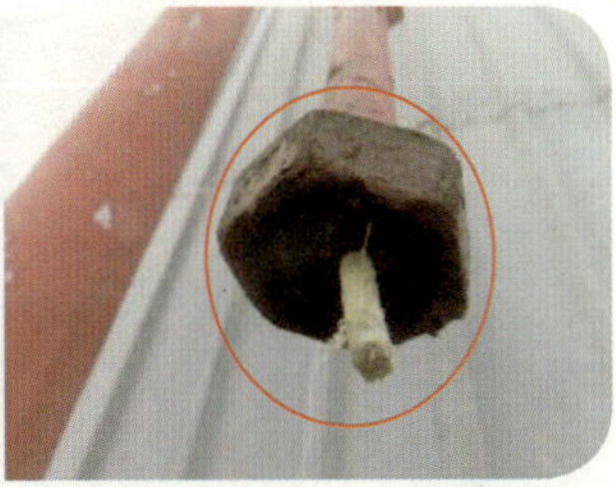

罐外式系统检查维护包括：导火索保护管、导烟管和烟雾产生器、保护箱等组件的外观无变色、脱漆、变形等异样状态发生；液面是否淹没横向导烟管和感温元件。

《烟雾灭火系统技术规程》（CECS：169—2015）中 7.0.5

案例： 某接转站，1号原油罐烟雾灭火装置的引线套管内窜油后，未对该烟雾灭火装置重新进行检测、维修。

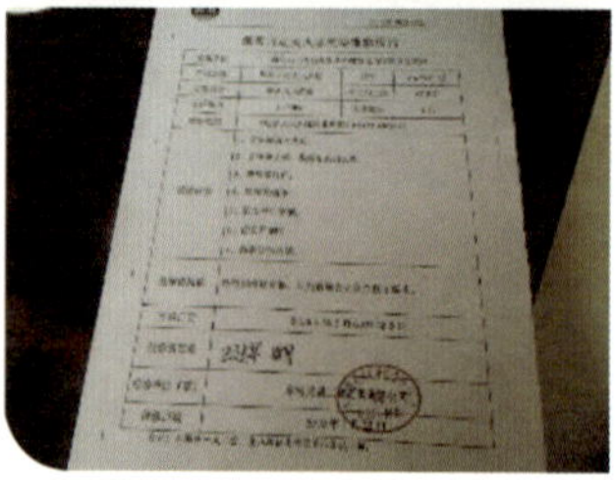

1. 汽车装车用鹤管及装车管应与装卸站场的接地装置连接；

2. 油品装卸栈台应做电气连接并接地。

1.《油气田防静电接地设计规范》(SY/T 0060—2010)中6.3.3

2.《石油天然气工程设计防火规范》(GB 50183—2004)中9.3.3

案例：某联合站，装车鹤管静电跨接线断开、装卸栈台未做接地。

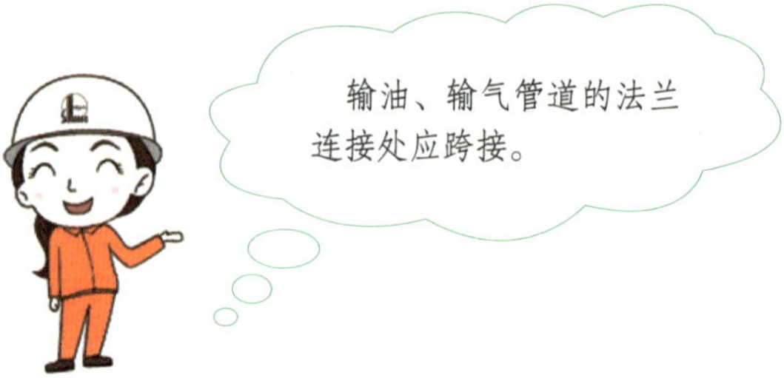

《油气田防静电接地设计规范》（SY/T 0060—2010）中6.2.3

案例： 某联合站，轻烃装车台装卸鹤管静电跨接线断开，存在静电火灾风险。

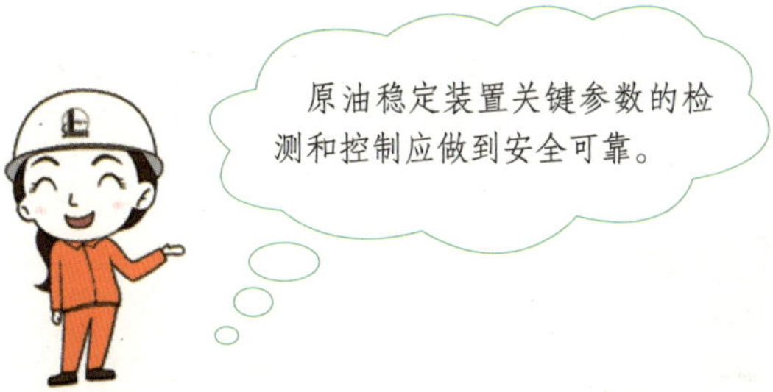

《原油稳定设计规范》(SY/T 0069—2008) 中8.1.3

案例： 某联合站，中控室原油稳定系统温度、压力、液位等参数持续报警，且未查明故障原因并及时修复。

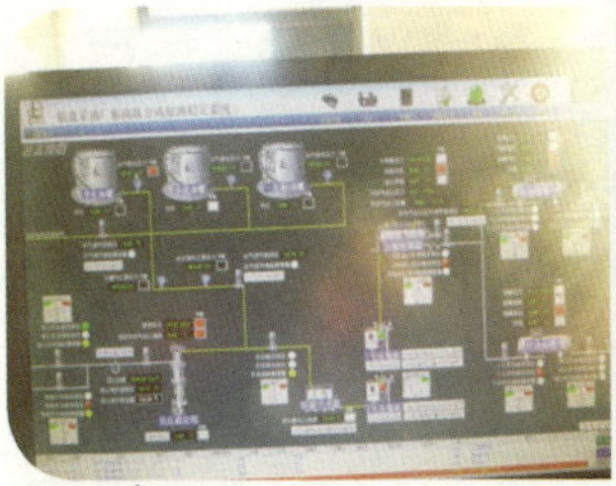

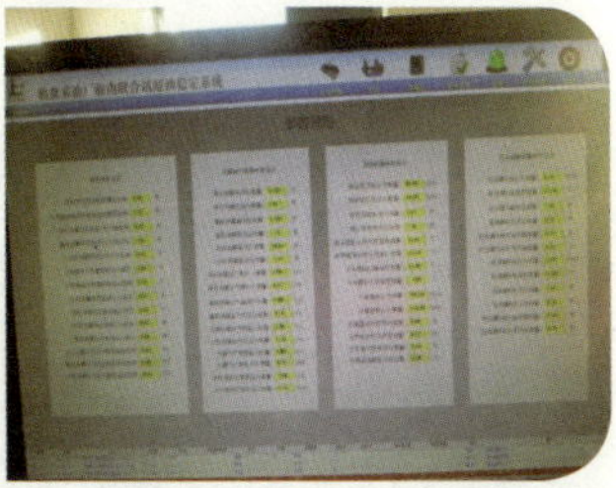

原油稳定装置关键参数的检测和控制应做到安全可靠，并设超限报警。

《原油稳定设计规范》(SY/T 0069—2008) 中8.1.3

案例： 某联合站，原油稳定塔塔顶气回收压缩机进口压力变送器被拆除，报警、自动停机功能失效。

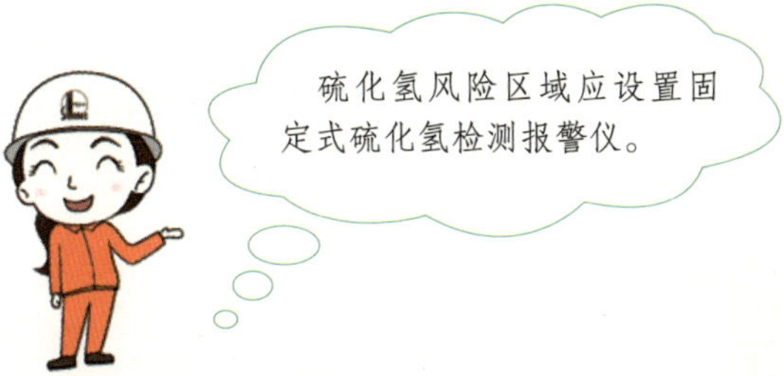

《中国石化硫化氢防护安全管理办法》(中国石化安〔2017〕644号)中3.5.1.1

案例：某接转站，分离器、脱硫塔区无固定式硫化氢检测仪。

含硫化氢介质的盲板抽堵、阀门管件更换、一次表拆检等作业环节，必须佩戴正压式空气呼吸器、便携式检测报警仪等防护器材。

《中国石化硫化氢防护安全管理办法》(中国石化安〔2017〕644号)中3.3.4.3

案例： 某接转站，作业人员疏通天然气分离器流程上的阀门时未佩戴正压式空气呼吸器与便携式气体检测仪（介质中硫化氢含量190mg/m^3）。

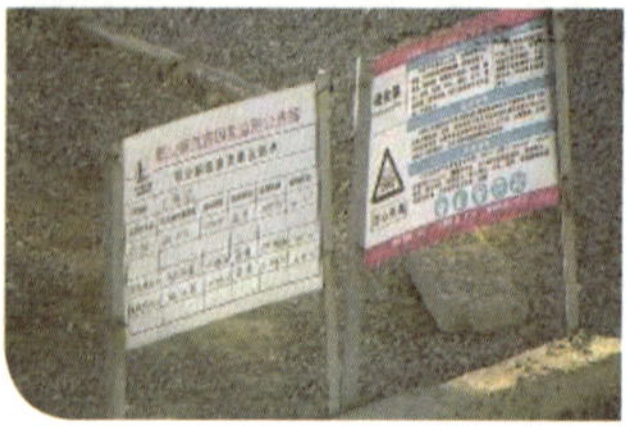

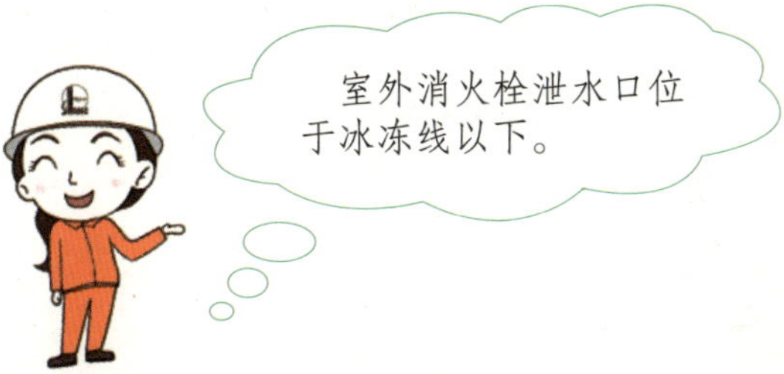

《室外消火栓及消防水鹤安装》(13S201)中4.3.2

案例：某原油库罐区隐患治理施工现场，承包商设计的图纸中未标注室外消火栓泄水口安装深度。

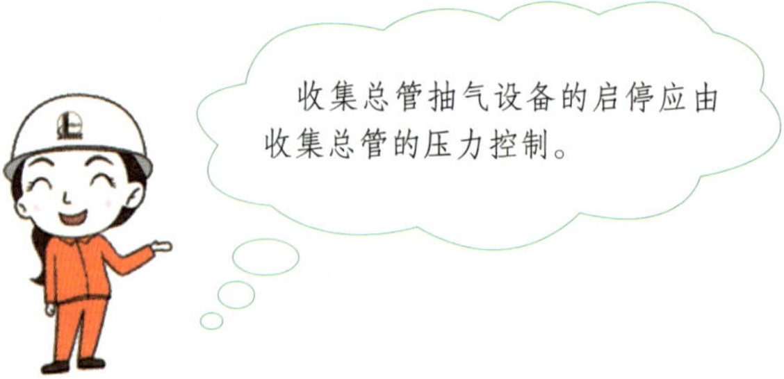

《石油化工企业储运罐区罐顶油气连通安全技术要求（试行）》（中国石化安技〔2018〕33号）中4.7.2

案例： 某联合站，大罐抽气设备启停压力控制系统被停用，存在入口形成负压空气进入风险。

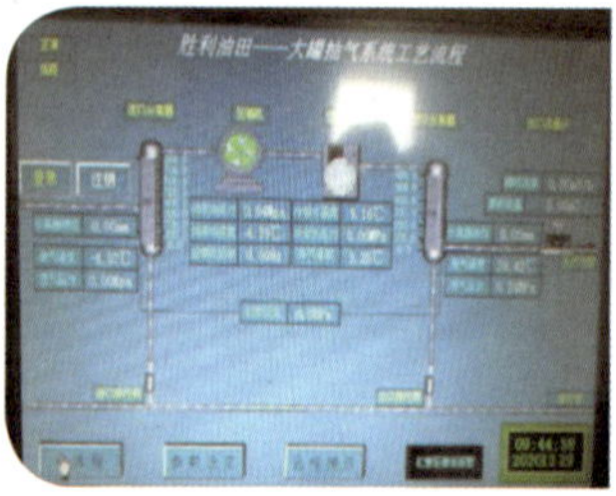

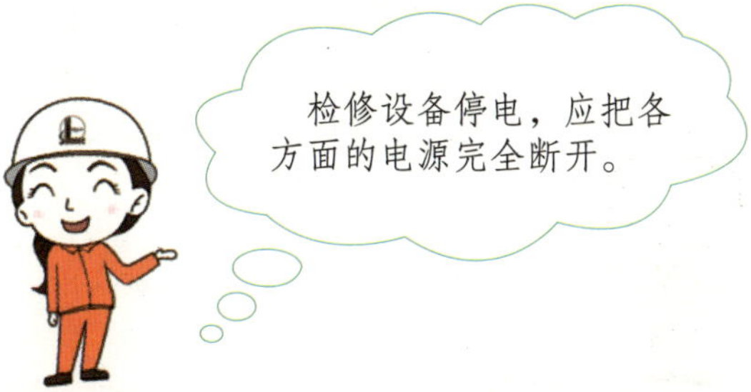

《油田企业电力安全工作规程》(Q/SH 0523.1—2013)中6.2.2

案例： 某注聚泵房，操作人员进行控制柜刷漆作业时未停机断开电源。

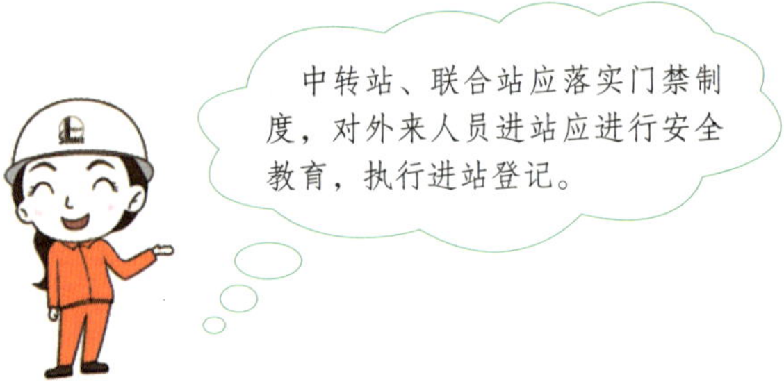

《石油行业安全生产标准化陆上采油实施规范》(AQ 2042—2012)中5.5.5.3

案例：某输油站，晨会期间站库大门未关闭，门卫岗无人值守。

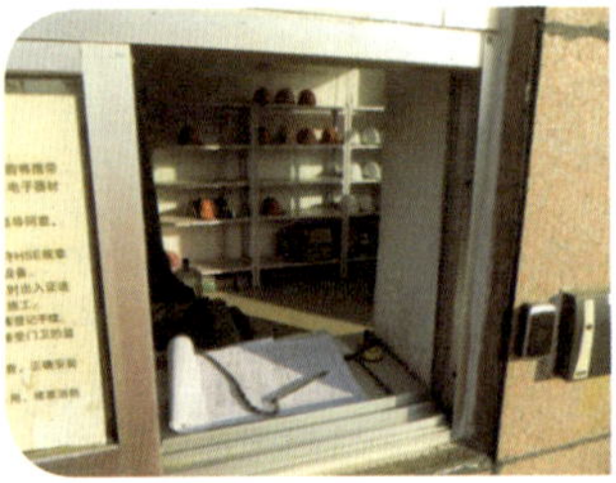

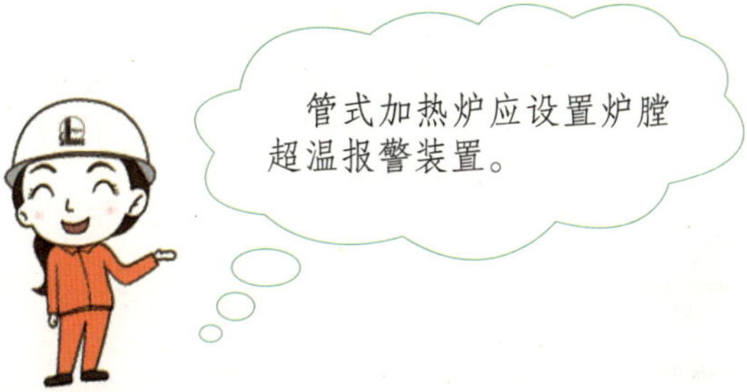

《石油工业用加热炉安全规程》(SY 0031—2012)中9.6.1

案例：某联合站，立式加热炉炉膛超温报警装置停用。

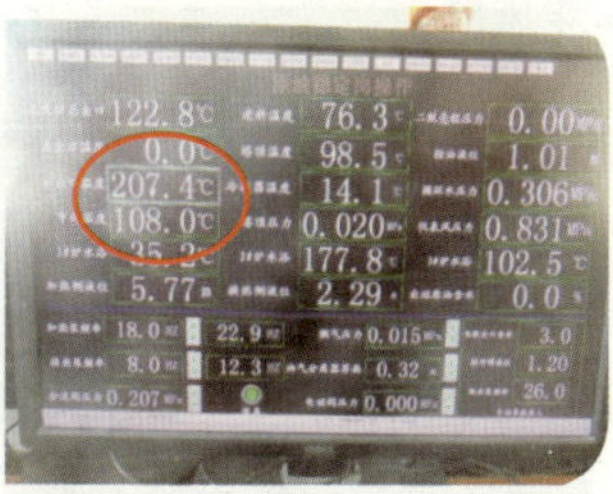

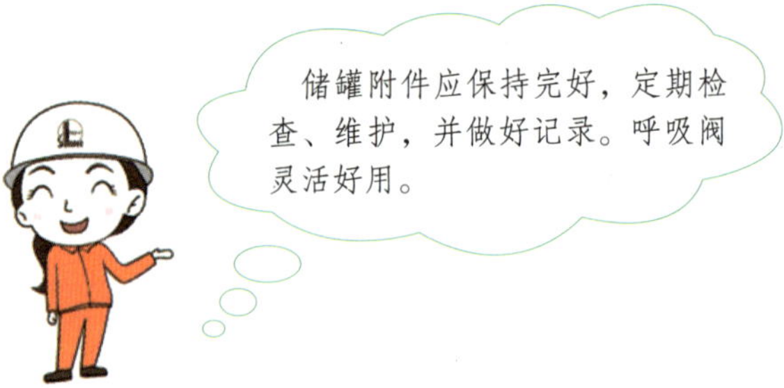

《原油及轻烃站（库）运行管理规范》（SY/T 5920—2007）中7.1.3

案例： 某接转站，立式分离器底水储罐的呼吸阀顶部压盖密封不严，可燃气体从压盖缝隙处泄漏，存在火灾爆炸风险。

金属屏蔽网应接在合适的可靠接地端子上。

《自限温电伴热带》（GB/T 19835—2015）中5.3.3

案例： 某接转站，脱硫塔排污管线电伴热带外护层破损，屏蔽层未接地，实测感应电压110V。

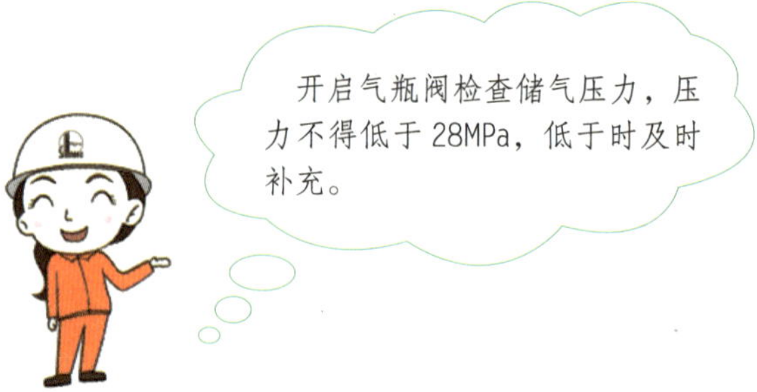

《正压式空气呼吸器安全使用规则》(Q/SH 1020 2063—2018) 中 7.1

案例： 某接转站（天然气中硫化氢浓度为 390mg/m^3）值班室，1 台正压式空气呼吸器压力为 21MPa。

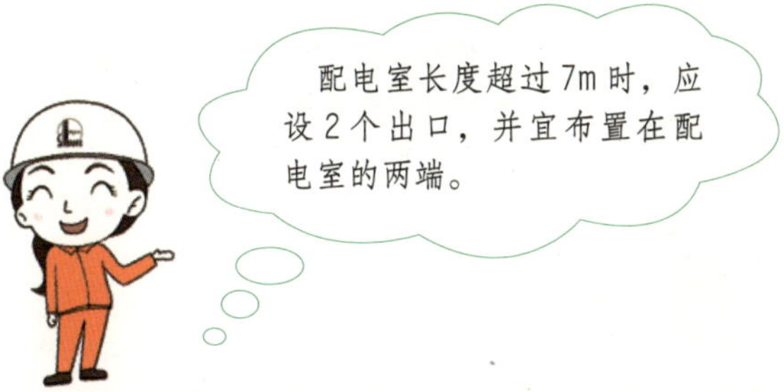

《低压配电设计规范》(GB 50054—2011) 中 4.3.2

案例： 某联合站，长度为11.723m的主配电室两个出口中一个被封堵。

发现吊装带有任何不符合安全要求的隐患或发现任何缺陷，则该吊装带应予以报废。

《编织吊索安全性　第1部分：一般用途合成纤维扁平吊装带》(JB/T 8521.1—2007)中6.4

案例：某联合站泵维修施工现场，承包商起重作业使用的吊装带有局部擦伤、磨损的缺陷。

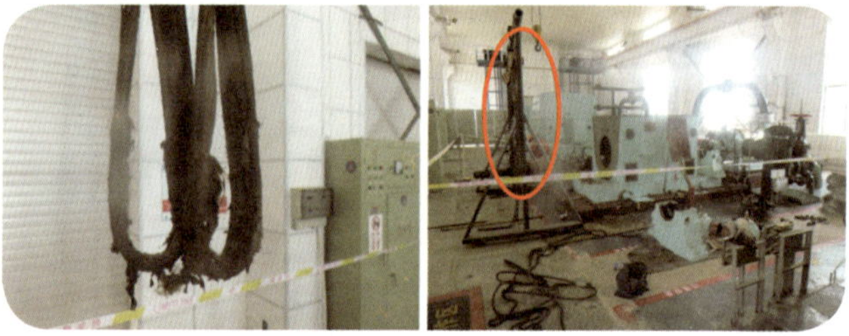

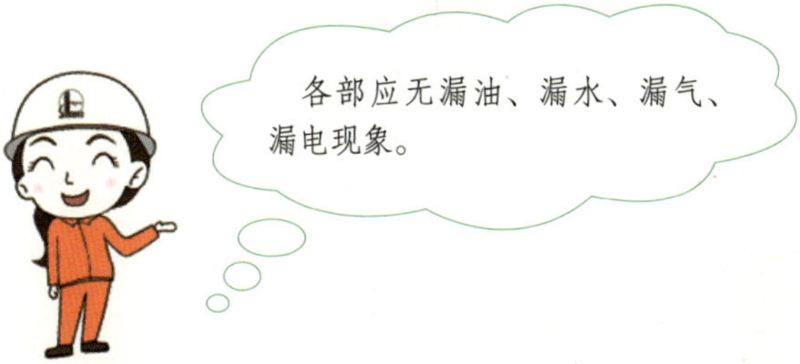

《汽车维护规程》(Q/SH 1020 1477—2013) 中 5.9.2

案例： 某联合站卸油台，单井拉油车辆柴油箱液位传感器连接处漏油。

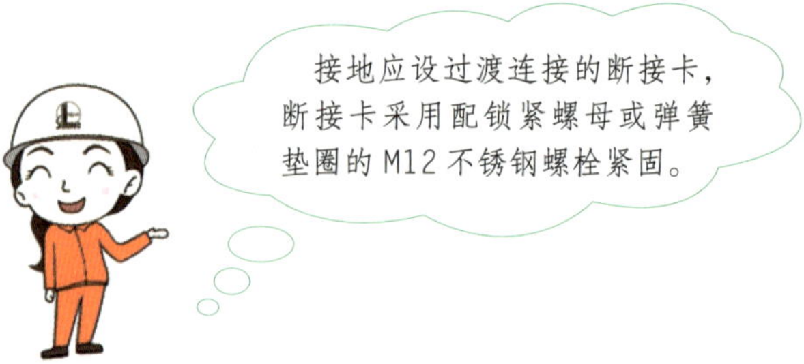

《油（气）田容器、管道和装卸设施接地装置安全规范》（SY 5984—2014）中 7.1.2

案例： 某天然气处理站，天然气冷却器防雷接地断接卡未连接。

原油罐区应保持清洁，无积水、无油污。

《原油罐区安全技术管理规定》（Q/SH 0461—2012）中3.5

案例： 某联合站，原油罐区内北侧大面积积积水。

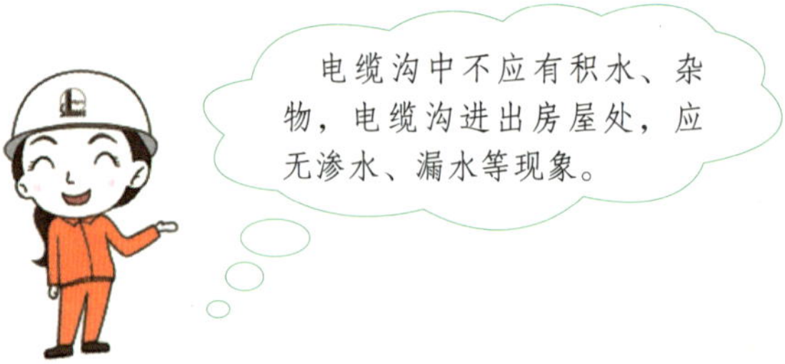

《电力电缆运行管理规程》(Q/SH1020 0644—2017)中5.2.3

案例： 某集油站，配电室因地势低洼，电缆沟内有积水。

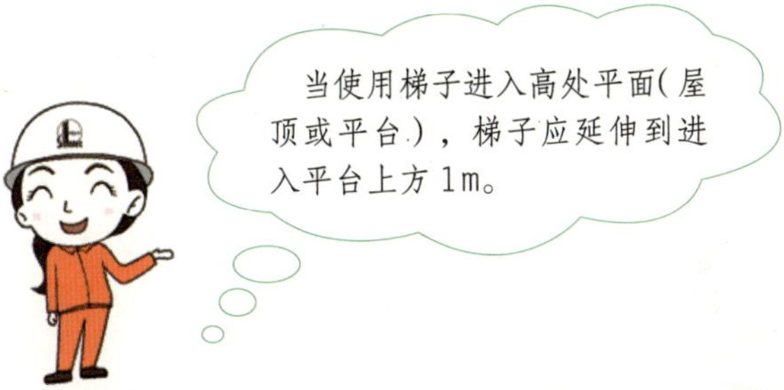

《便携式金属梯安全要求》（GB 12142—2007）中8.2.10

案例： 某原油库屋顶防水施工现场，承包商使用的便携式金属梯子超出屋顶高度不足1m，登高时存在人员坠落风险。

1. 普通消防泵额定工况时工作压力不应小于0.65倍额定工作压力；

2. 柴油机消防泵组应具有良好的常温起动性能，应保证5s内顺利起动，引上水后20s内使消防泵达到额定工况。

1.《消防泵》(GB 6245-2006)中6.4.2

2.《消防泵》(GB 6245-2006)中9.9.10.2

案例： 某联合站，柴油机消防泵额定压力为1.1MPa，日常试运行泵压仅为0.47MPa，未达到该消防泵额定工作压力的0.65倍，即0.715MPa的要求。

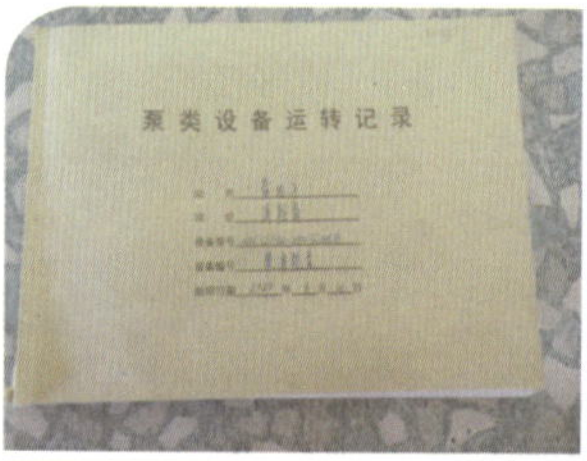

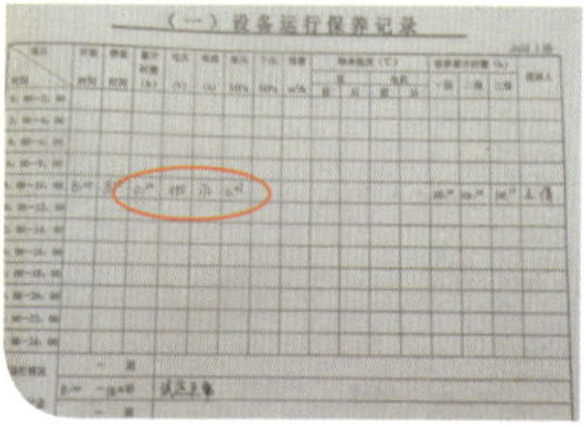

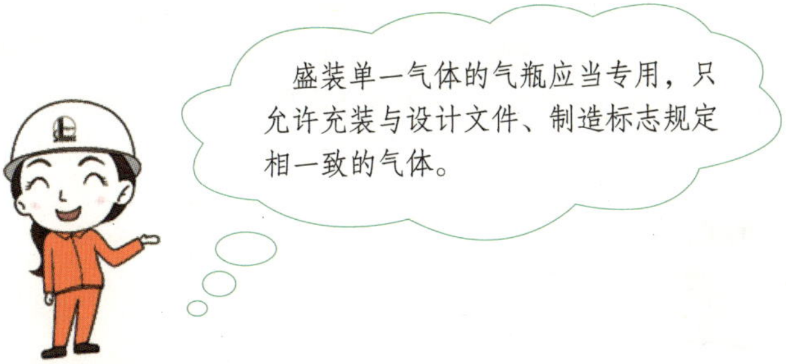

《气瓶安全技术规程》(TSG 23—2021)中1.7

案例： 某天然气处理站工艺规模调整项目施工现场，承包商管线吹扫作业使用的氮气用氧气瓶充装。

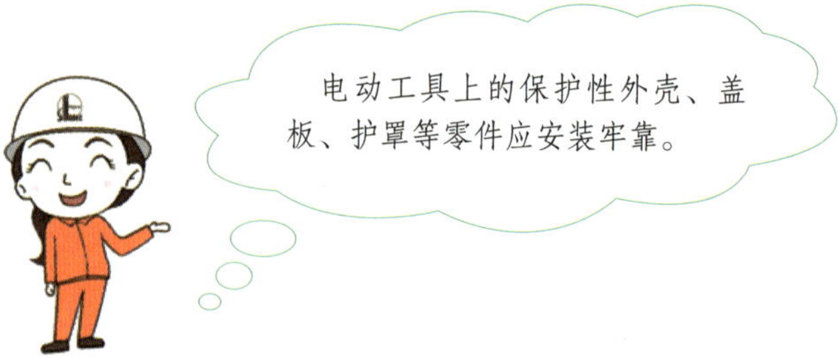

《手持式电动工具装配工艺导则》(JB/T 7086—2013)中7.8

案例： 某储气库项目施工现场，承包商现场使用的一台砂轮机无护罩。

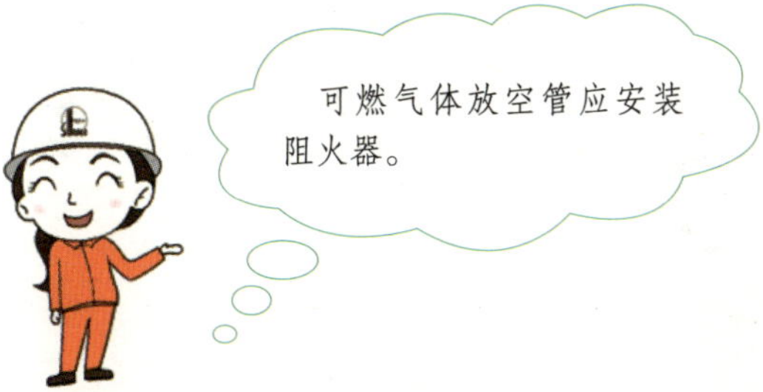

《石油与石油设施雷电安全规范》(GB 15599—2009)中 4.7.3

案例：某联合站，卧式分离器区天然气放空管未安装阻火器，存在雷击火灾风险。

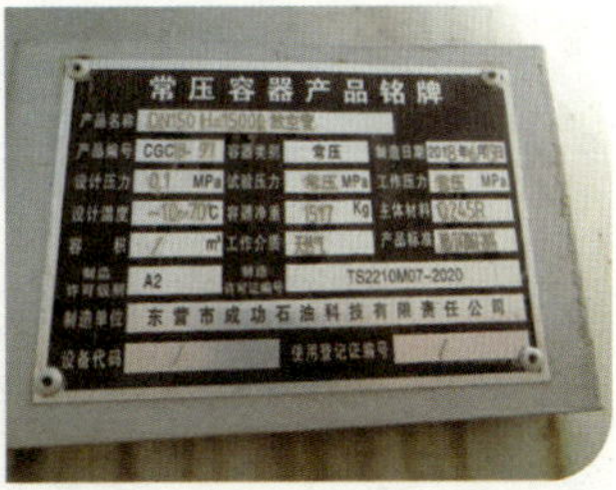

报警信号应发送至操作人员常驻的控制室、操作室或值班室进行报警。

《石油天然气工程可燃气体和有毒气体检测报警系统安全规范》(SY/T 6503—2022)中4.9

案例： 某接转站，可燃气体报警控制器安装在无人值守的房间，控制室监控电脑损坏，无法监控站内可燃气体报警情况。

系统运行时出现异常或故障，维护人员应及时处理，并对故障现象、原因、处理方法及结果做好记录。

《中国石化仪表设备管理规定》（中国石化生〔2011〕62号）中4.3.4.4

案例：某联合站，2号分离器出口压力变送器数值与中控室显示不一致。

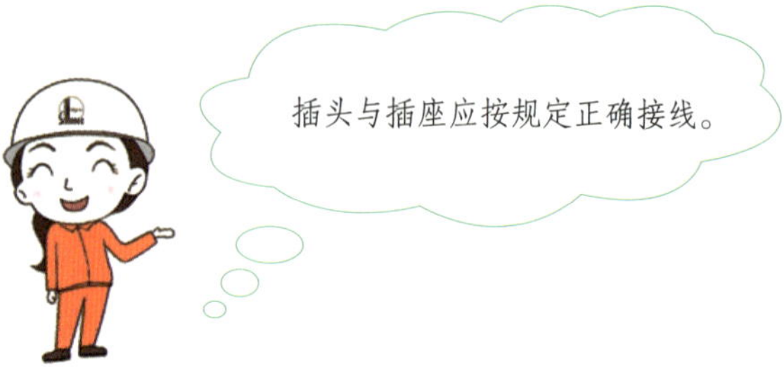

《用电安全导则》(GB/T 13869—2017)中5.1.3

案例： 某联合站流量计间，维修卷帘门施工过程中插排插头与裸线直接缠绕，电缆直接插入插排使用，存在人员触电风险。

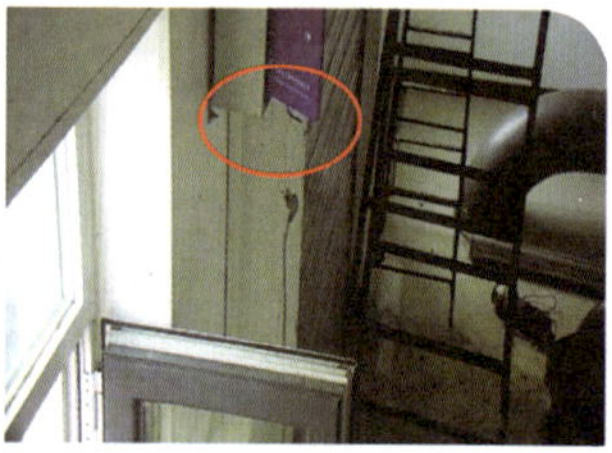

钢丝绳夹的钢丝绳公称直径小于等于18mm时，钢丝绳夹的数量最少为3个。

《钢丝绳夹》(GB/T 5976—2006)中附录A.1

案例： 某接转站，吊装水泥基础钢丝绳仅用2个绳夹固定，尾绳散股。

泡沫灭火系统供水压力应满足在相应设计流量范围内系统各组件工作压力的要求，且应有防止系统超压的措施。

《泡沫灭火系统技术标准》（GB 50151—2021）中7.2.4

案例： 某联合站，消防泵房内稳压设备上的安全阀整定压力为0.54MPa，低于压力式泡沫比例混合装置工作压力0.6~1.2MPa，导致泡沫灭火系统无法正常运行。

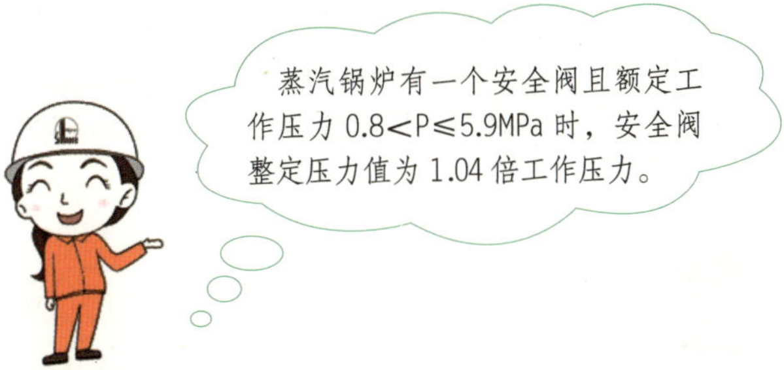

《锅炉安全技术规程》(TSG 11—2020)中5.1.8

案例： 某联合站余热站，承包商使用的蒸汽发生器试运行额定工作压力为1.0MPa，安全阀整定压力为1.25MPa，超过标准规定的安全阀整定压力(1.04MPa)要求，存在设备超压运行风险。

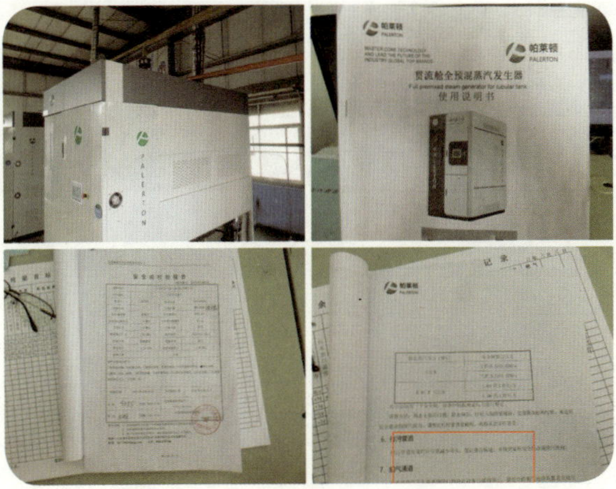

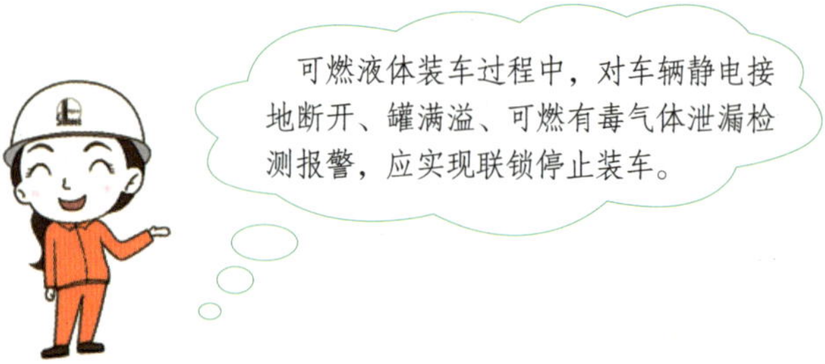

《山东省可燃液体、液化烃及液化毒性气体汽车装卸设施安全改造指南》(鲁安办发〔2020〕26号)中装车设施的安全联锁

案例： 某联合站，原油外销装车平台电动执行机构故障，联锁停止装车功能失效。

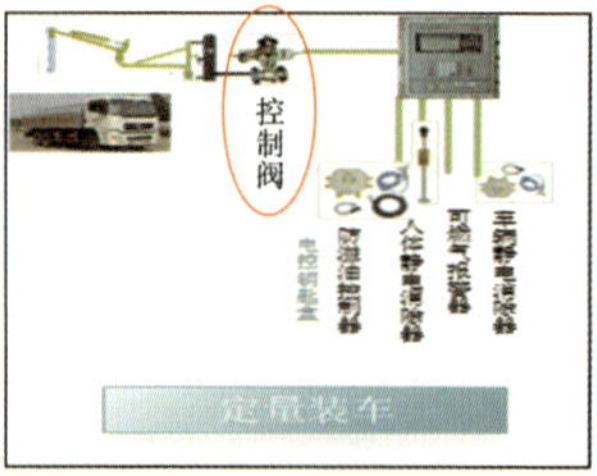

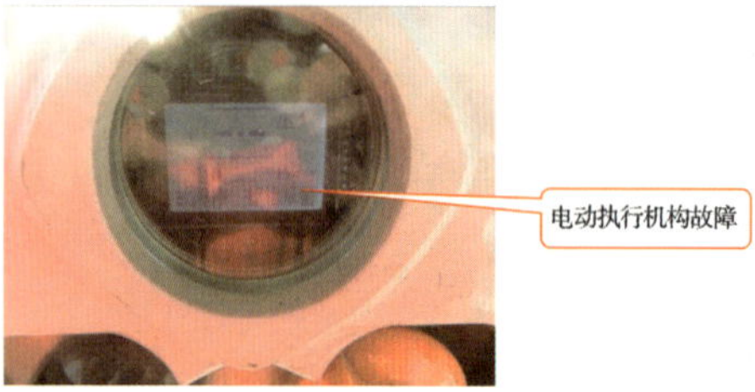

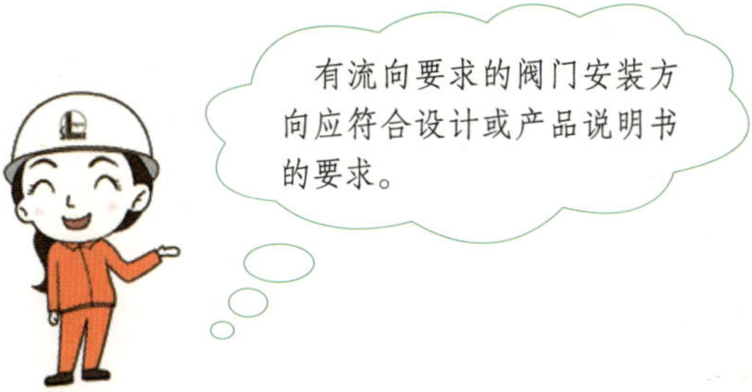

《阀门检验与安装规范》(SY/T 4102—2013)中6.1.1

案例：某联合站，4号容积为5000m^{3}的缓冲罐抽气管线蝶阀安装方向错误，未与介质流动方向一致。

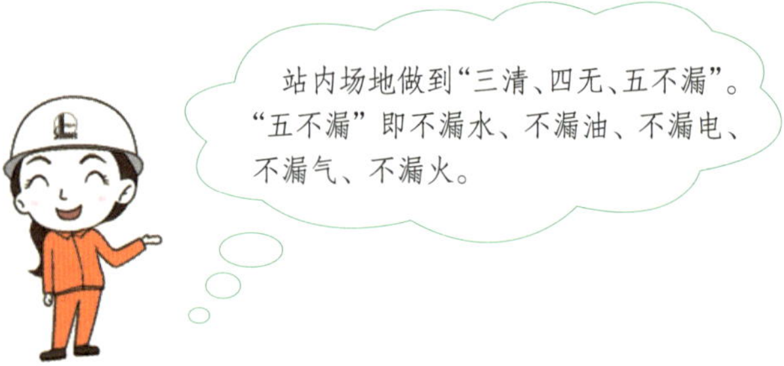

《集输系统HSE管理规定》（开发工程 QHSSE〔2018〕10号）中3.2.2.4

案例： 某联合站，天然气分离器进气管线一处取样口拆除取样阀门后使用木料封堵，有气体渗漏，介质中硫化氢含量为150～180mg/m^3，存在人员中毒风险。

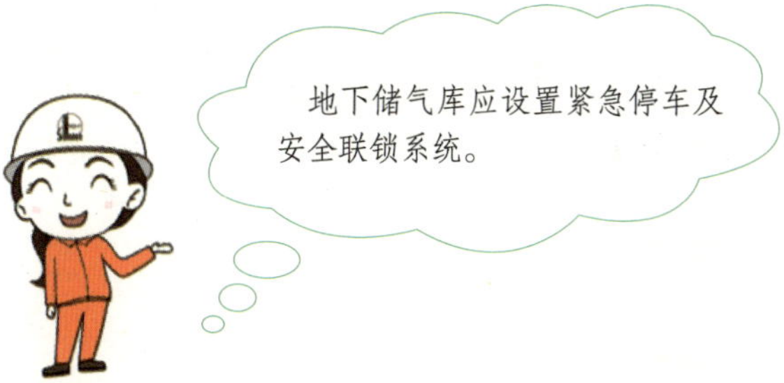

《地下储气库设计规范》(SY/T 6848—2012)中7.4.4

案例： 某储气库，井场、工艺装置区、压缩机厂房涉及的装置ESD紧急停车系统多处联锁被切除。

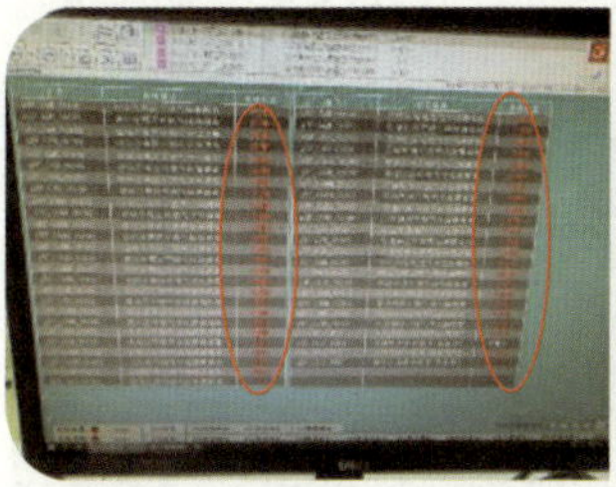

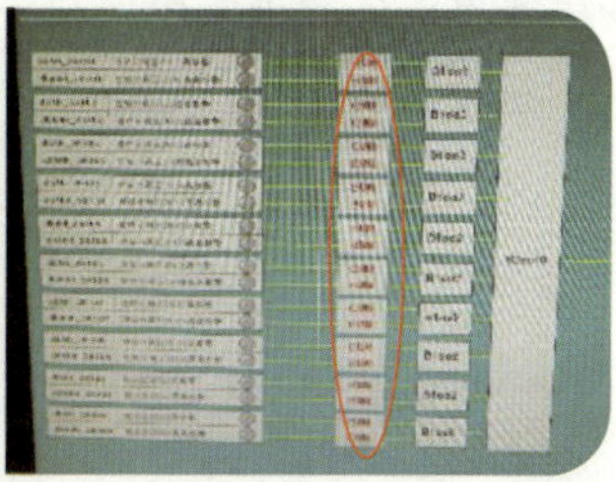

存在硫化氢的设备和管道应采取有效的密闭措施。

《硫化氢职业危害防护导则》(GBZ/T 259—2014)中6.1.2

案例： 某联合站，污水回收池远传液位计处有硫化氢气体溢出，现场检测浓度为21ppm，存在人员中毒风险。

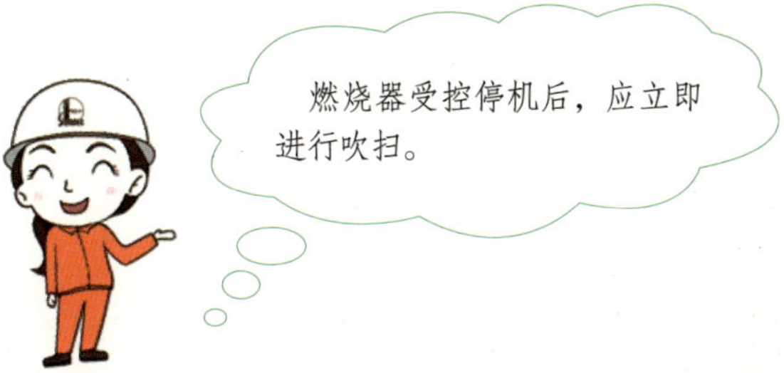

《锅炉用液体和气体燃料燃烧器技术条件》(GB/T 36699—2018)中7.1.3

案例： 某联合站，加热炉燃烧器未设置后吹扫时间，存在降温不及时损坏设备风险。

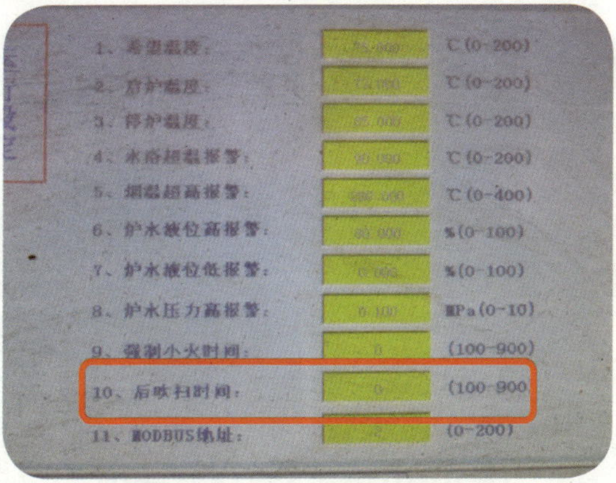

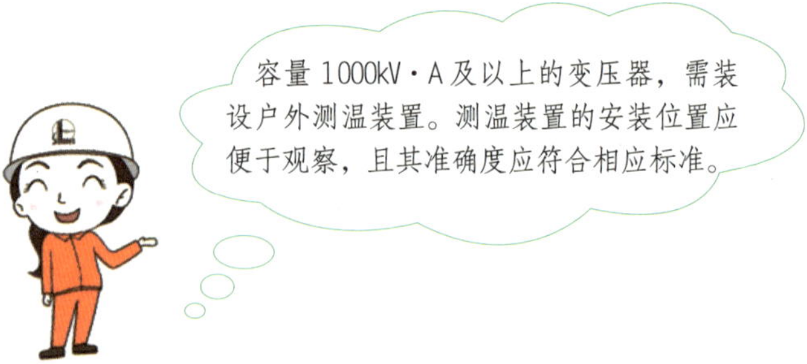

《油浸式电力变压器技术参数和要求》（GB/T 6451—2015）中4.2.2

案例： 某联合站，2 台 1250kV·A 变压器的油温计安装在背面隐蔽位置，日常巡检无法观察。

系统试验完毕后，检查导向管架、膨胀节和系统中其他活动部件在移动中是否受到阻碍。

《金属波纹管膨胀节通用技术条件》(GB/T 12777—2019)中F4.3

案例： 某联合站，油罐区原油管线上安装的拉杆波纹补偿器端板内侧螺栓调节量不统一，存在波纹管收缩时受阻风险。

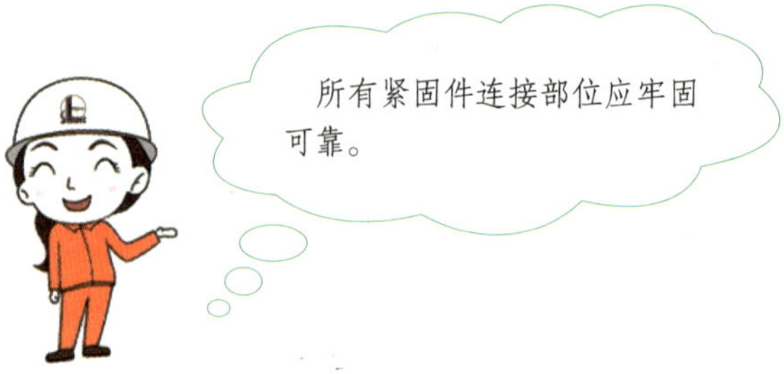

《车辆运输车通用技术条件》(GB/T 26774—2016)中4.5.3

案例： 某输油站原油装卸现场，装油车的后轮胎两条固定螺栓松动脱出，存在车轮摆动失控风险。

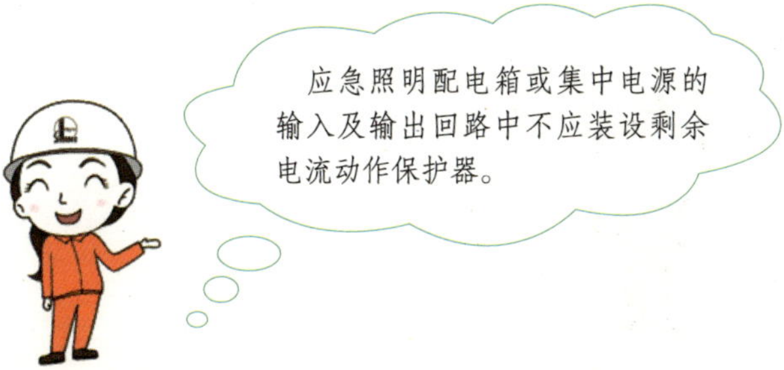

《消防应急照明和疏散指示系统技术标准》(GB 51309—2018)中3.3.2

案例： 某联合站，加热炉间应急灯电源开关使用剩余电流动作保护器。

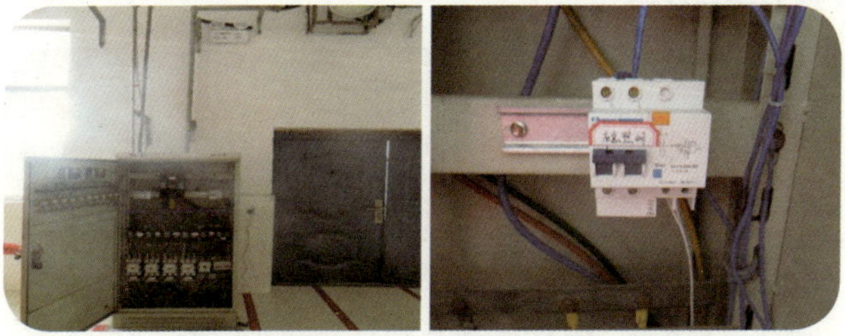

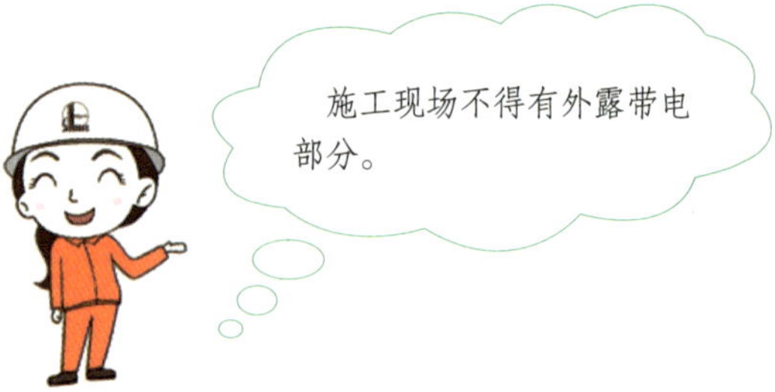

《施工现场临时用电安全技术规范》(JGJ 46—2005)中8.1.12

案例： 某输油站越站流程改造预制管线施工现场，承包商使用的开关箱外输电源线绝缘层破损、导体裸露，实测电压220V。

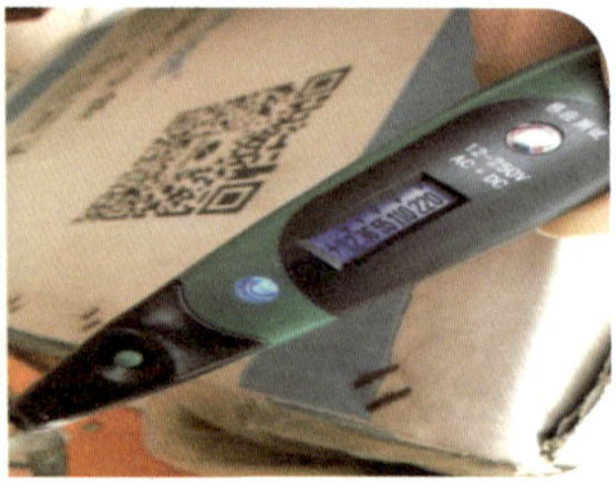

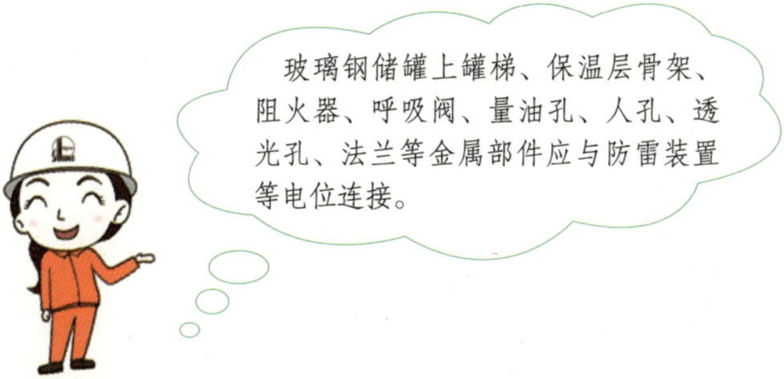

《油气集输站库雷电防护技术规范》（Q/SH 1020 2142—2016）中4.1.7

案例： 某集油站，新投产的采出液玻璃钢储罐安全阀、呼吸阀未与防雷装置等电位连接。

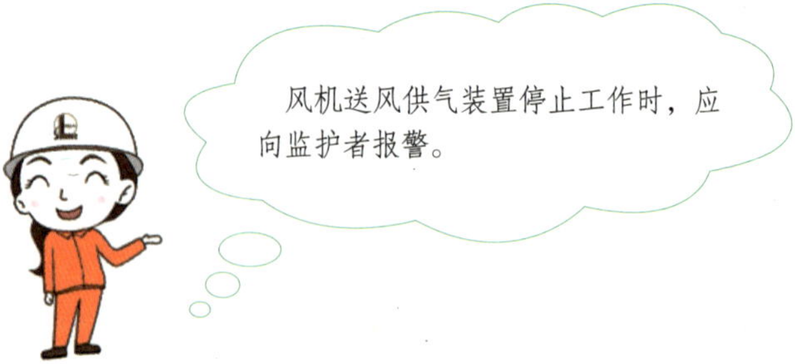

《呼吸防护　长管呼吸器》(GB 6220—2009)中5.1.2.5

案例：某联合站油罐呼吸阀检修施工现场，承包商施工人员在使用送风式长管呼吸器作业过程中，送风机周边无监护人员，存在送风机报警处置不及时的风险。

顶部操作压力大于 0.07MPa 的压力容器应设安全阀。

《天然气净化厂设计规范》(GB/T 51248—2017)中 6.1.10

案例： 某天然气处理站，3台干燥塔未按设计图纸要求安装安全阀。

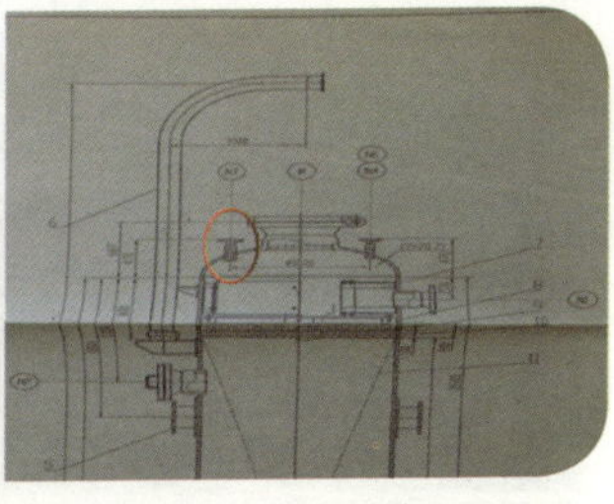

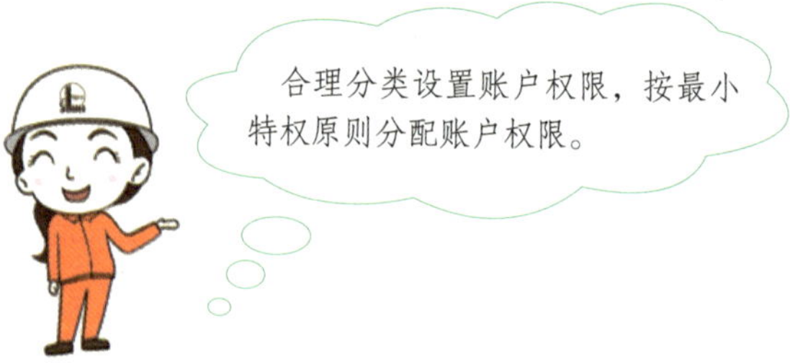

《中国石化工业仪表控制系统安全防护实施规定》中 2.5.2

案例： 某联合站，1号、2号、3号含油水罐高低液位报警系统未设置管理权限，报警设定值与工艺自动化报警台账规定参数不一致。

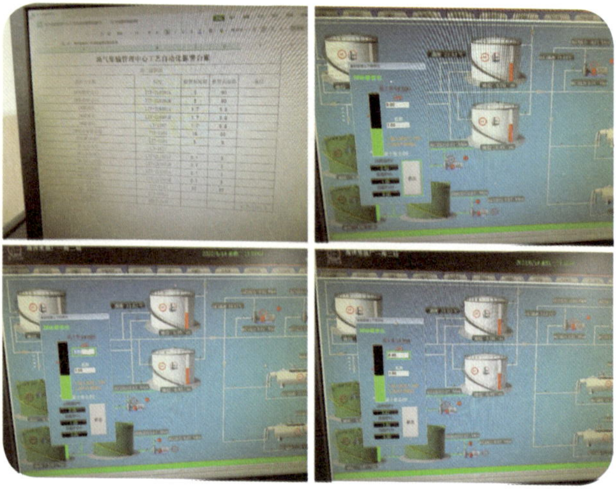

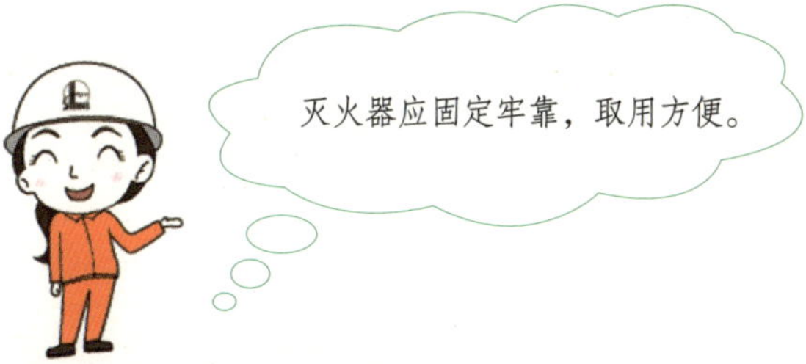

《道路运输爆炸品和剧毒化学品车辆安全技术条件》（GB 20300—2018）中4.2.10

案例： 某联合站卸油现场，拉油车辆随车灭火器被铁丝捆绑，无法取出使用。